"十三五"高等职业教育计算机类专业规划教材

Linux 系统管理与服务配置

原建伟　主　编
李延香　副主编

中国铁道出版社有限公司
CHINA RAILWAY PUBLISHING HOUSE CO., LTD.

内 容 简 介

本书以 Red Hat Enterprise Linux 5 为基础,通过项目驱动方式对 Linux 基本操作与主要的网络服务进行讲解,并通过综合实训对整个教材主要内容进行训练,重点培养学生的实际动手能力和应用能力。

全书共分 11 个项目和一个综合实训,内容包括 Linux 系统安装、文件和目录管理、用户和组的管理、磁盘存储管理、网络管理、DNS 配置与管理、网络共享服务配置与管理、WWW 配置与管理、VPN 配置与管理、邮件服务器配置与管理、防火墙配置与管理等。本书内容丰富、由浅入深、强调基础技能的应用,适用于理论与实践一体化教学。书中给出部分操作视频,可以通过扫描二维码观看。

本书适合作为高等职业院校 Linux 系统管理与服务配置课程的教材,也可以作为云计算、大数据等相关课程的前期教材、Linux 系统运维培训教材和广大计算机用户的参考书。

图书在版编目(CIP)数据

Linux 系统管理与服务配置/原建伟主编. — 北京:中国铁道出版社,2017.8(2021.7重印)
"十三五"高等职业教育计算机类专业规划教材
ISBN 978-7-113-23287-0

Ⅰ.①L… Ⅱ.①原… Ⅲ.①Linux 操作系统-高等职业教育-教材 Ⅳ.①TN316.85

中国版本图书馆 CIP 数据核字(2017)第 144741 号

书 名:	Linux 系统管理与服务配置
作 者:	原建伟

策 划:	翟玉峰	编辑部电话:	(010)83517321
责任编辑:	翟玉峰 彭立辉		
封面设计:	付 巍		
封面制作:	刘 颖		
责任校对:	张玉华		
责任印制:	樊启鹏		

出版发行:中国铁道出版社有限公司(100054,北京市西城区右安门西街 8 号)
网   址:http://www.tdpress.com/51eds/
印   刷:北京建宏印刷有限公司
版   次:2017 年 8 月第 1 版 2021 年 7 月第 5 次印刷
开   本:787mm×1092mm 1/16 印张:15.5 字数:365 千
印   数:4 301~4 800 册
书   号:ISBN 978-7-113-23287-0
定   价:36.00 元

版权所有 侵权必究

凡购买铁道版图书,如有印制质量问题,请与本社教材图书营销部联系调换。电话:(010)63550836
打击盗版举报电话:(010)63549461

前言

为适应目前高职教育的新特点，培养传统计算机网络技术领域以及新兴的云计算领域具有基本系统运维方面能力的人才，结合作者多年教学经验编写了本书。在编写过程中还引入了全国职业院校技能大赛"计算机网络应用""信息安全与评估""云计算技术与应用"等赛项的相关经验。本书的编写思想是在学生掌握基本理论的前提下，强化实际技能和综合能力的培养。

本书以项目为向导，以系统运维与云计算应用中必须具备的 Linux 系统应用基本技能为着眼点，以"培养能力、突出实用、内容新颖、系统完整"为指导思想，讲解了 Linux 系统在系统运维和云计算应用中所需要掌握的知识和技能，重点培养学生的实际动手能力和应用能力。

本书共分 11 个项目和一个综合实训，主要介绍了 Linux 系统安装、文件和目录管理、用户和组管理、磁盘存储管理、网络管理、DNS 配置与管理网络共享服务配置与管理、WWW 配置与管理、VPN 配置与管理、邮件服务器配置与管理、防火墙配置与管理等，读者定位于高等职业教育和技能培训的学生，以培养实际应用能力为目的，内容为目前系统运维领域最常用和成熟的技术。本书内容丰富、知识新、技术强、结构新颖、图文并茂，融"教、学、练"三者于一体，适用于理论与实践一体化教学。书中给出部分操作视频，可以通过扫描二维码观看。

本书适合作为高等职业院校 Linux 系统管理与服务配置课程的教材，也可作为云计算、大数据等相关课程的前期教材、Linux 系统运维培训教材和广大计算机用户的参考书。

本书由原建伟任主编并统稿和定稿，李延香任副主编。其中：陕西工业职业技术学院原建伟编写项目 1~9，咸阳师范学院李延香编写项目 10、11 和综合训练。在本书编写过程中得到了陕西工业职业技术学院王坤教授的大力帮助，在此表示感谢。

由于计算机技术发展日新月异，加之编者水平有限，书中难免存在疏漏与不妥之处，敬请读者不吝指正。

原建伟
2017 年 2 月

目 录

项目 1　Linux 系统安装 1
1.1　技术准备 1
　　1.1.1　Linux 概述 1
　　1.1.2　Linux 磁盘分区 2
　　1.1.3　虚拟机的使用 2
1.2　项目实施 14
　　1.2.1　默认安装方式 15
　　1.2.2　定制安装方式 25
1.3　技术拓展 27
　　1.3.1　安装 Ubuntu Linux 27
　　1.3.2　多操作系统安装 31
小结 32
练习 32

项目 2　文件和目录管理 33
2.1　技术准备 33
　　2.1.1　文件与目录 33
　　2.1.2　Linux 文件和目录
　　　　　 的操作 36
2.2　项目实施 52
　　2.2.1　文件和目录操作 53
　　2.2.2　文件权限 56
2.3　技术拓展 58
　　2.3.1　文档的归档与压缩 58
　　2.3.2　vi 编辑器的使用 61
　　2.3.3　Linux 软件的安装 63
小结 66
练习 66

项目 3　用户和组管理 68
3.1　技术准备 68
　　3.1.1　Linux 系统中的用户 68
　　3.1.2　组群 73
　　3.1.3　账号文件 74

3.2　项目实施 78
　　3.2.1　图形桌面环境下管理
　　　　　 用户与组群 78
　　3.2.2　使用命令管理用户
　　　　　 账号和组群 79
　　3.2.3　批量添加用户 80
3.3　技术拓展 81
　　3.3.1　Linux 下的 ACL
　　　　　 简介 81
　　3.3.2　ACL 示例 83
小结 84
练习 84

项目 4　Linux 磁盘存储管理 86
4.1　技术准备 86
　　4.1.1　Linux 存储 86
　　4.1.2　磁盘管理命令 86
4.2　项目实施 99
　　4.2.1　桌面模式下移动存储
　　　　　 设备的管理 99
　　4.2.2　磁盘配额管理 101
4.3　技术拓展 103
　　4.3.1　LVM 卷管理 103
　　4.3.2　磁盘阵列 108
小结 110
练习 110

项目 5　Linux 网络管理 111
5.1　技术准备 111
　　5.1.1　网络配置 111
　　5.1.2　DHCP 服务 127
5.2　项目实施 130
　　5.2.1　图形界面配置
　　　　　 网络参数 130
　　5.2.2　命令配置网络参数 131

5.2.3　DHCP 服务配置 131
　5.3　技术拓展 132
　　　5.3.1　远程登录 Linux 132
　　　5.3.2　虚拟机的网络模式 134
　小结 134
　练习 134

项目 6　DNS 配置与管理 135

　6.1　技术准备 135
　　　6.1.1　DNS 服务的工作
　　　　　　原理 135
　　　6.1.2　DNS 配置文件 136
　6.2　项目实施 140
　　　6.2.1　图形界面配置 DNS 140
　　　6.2.2　修改配置文件配置
　　　　　　DNS 服务 145
　6.3　技术拓展 146
　　　6.3.1　DNS 服务测试命令 146
　　　6.3.2　DNS 辅助服务器和
　　　　　　DNS 缓存服务器 149
　小结 150
　练习 150

项目 7　Linux 网络共享服务配置与管理 151

　7.1　技术准备 151
　　　7.1.1　Samba 服务 151
　　　7.1.2　FTP 服务 158
　7.2　项目实施 160
　　　7.2.1　图形界面 Samba 服务
　　　　　　的配置 160
　　　7.2.2　修改配置文件配置
　　　　　　Samba 服务 162
　　　7.2.3　Vsftp 服务的配置 164
　　　7.2.4　FTP 服务测试 165
　7.3　技术拓展 167
　　　7.3.1　FTP 服务权限管理 167
　　　7.3.2　NFS 服务与配置 168
　小结 169
　练习 170

项目 8　Linux WWW 配置与管理 171

　8.1　技术准备 171
　　　8.1.1　WWW 服务 171
　　　8.1.2　Apache 服务器 171
　8.2　项目实施 176
　　　8.2.1　图形界面配置 Apache
　　　　　　服务 176
　　　8.2.2　修改配置文件配置
　　　　　　Apache 服务 179
　8.3　技术拓展 181
　　　8.3.1　MySQL 数据库 181
　　　8.3.2　安装和使用 MySQL 181
　　　8.3.3　MySQL 的基本操作 ... 183
　小结 185
　练习 185

项目 9　Linux VPN 配置与管理 187

　9.1　技术准备 187
　　　9.1.1　VPN 的种类 187
　　　9.1.2　PPTP 协议 188
　　　9.1.3　PPTP 的安装和
　　　　　　配置 188
　9.2　项目实施 190
　　　9.2.1　PPTP VPN 的配置 191
　　　9.2.2　VPN 的使用 192
　9.3　技术拓展 196
　　　9.3.1　几种 VPN 协议对比 ... 196
　　　9.3.2　PPTP VPN 搭建配置
　　　　　　过程中常见问题 196
　小结 197
　练习 197

项目 10　邮件服务器配置与管理 198

　10.1　技术准备 198
　　　10.1.1　邮件服务的工作
　　　　　　　原理 198
　　　10.1.2　Sendmail 服务器ばか 199
　10.2　项目实施 203
　　　10.2.1　DNS 服务器配置
　　　　　　　解析 MX 记录 203

10.2.2 配置 sendmail 服务...204
10.2.3 客户端验证...205
10.3 技术拓展...209
小结...210
练习...210

项目 11 Linux 防火墙配置与管理...211
11.1 技术准备...211
11.1.1 Linux 防火墙的种类与选择...211
11.1.2 iptables 原理...211
11.1.3 iptables 基本语法...214
11.2 项目实施...218
11.2.1 图形界面配置 ipatbles...220
11.2.2 命令方式配置 ipatbles...222
11.3 技术拓展...224
11.3.1 ipatbles 实现 NAT 转换...224
11.3.2 防御 SYN 攻击...226
11.3.3 防御 DDoS 攻击...226
小结...227
练习...227

综合实训 Linux 系统配置与管理...228
12.1 实训分析...228
12.2 实训设计...228
12.3 实训实施...230

参考文献...240

项目 1

➜ Linux 系统安装

随着企业信息化建设的不断深化，越来越多的企业需要构建自己的企业内网。企业网络建设过程中应用服务器是一个非常重要的组成部分。企业信息化进程中信息资源的管理对应用服务器的依赖性很强，不论是传统的数据中心，还是新兴的私有云都离不开各种应用服务器。

目前，企业应用服务器所使用的操作系统主要是 Linux 系统，不论是在互联网中还是各种企业级的应用中，Linux 系统无处不在，它以可靠的稳定性、强大的网络服务功能著称。由于 Linux 系统是开源系统，因此在其发展之初，易用性较差，这也在很大程度上阻碍了它的发展。令人可喜的是随着开源社区的不断壮大，各个开源团队也越来越注重 Linux 系统的易用性，使其在安装和使用过程中用户体验越来越好。

由于 Linux 系统与用户平时常用的 Windows 系统有一些差别，因此在安装和使用上需要有所注意。

1.1 技术准备

1.1.1 Linux 概述

1. Linux 版本

Linux 是开源软件（Open Source Software），因此有很多不同的版本，较为流行的发行版有 Red Hat Enterprise Linux、Ubuntu、Debian 等。这些不同的版本各有特点，但基本功能和使用方法是一样或者相似的。Red Hat Enterprise Linux（简称 RHEL）是目前非常流行的一个发行版，RHEL 的版本主要分为 Server 和 Desktop 两个版本，分别针对服务器用户和桌面用户。

Linux 简介视频

尽管各个发行版的名称不同，使用的图形界面也有所差异，但其核心都是 Linux 核心。Linux 核心也在不断发展，它也有自己的版本信息。一般情况下，Linux 的内核版本有 3 种不同的版本编号方式：第一种方式是 1.0 前的版本号，由两部分组成；第二种方式是 1.0~2.6 之间的版本号，由三部分组成，主版本号、次版本号和末版本号，用"."号将其分开，如 3.2.34，其中当次版本号为偶数时这个核心是稳定核心，如果是奇数则这个核心是测试版，虽然可能具有一些新特性，但同时也可能存在一些 bug；第三种版本编号方式 2.6.0~3.0 之间曾由四部分组成，3.0 后又采用由三部分组成，但不再使用第二部分的奇偶性表述版本的稳定性。由于 Linux 系统可以根据需要由用户升级核心，因此，在选择核心时需要注意核心版本。常见的 Linux 发行版 Logo 如图 1.1 所示。

图 1.1　常见 Linux 发行版 logo

2．Linux 设备名称

在 Linux 中，每一个硬件设备都映射到一个系统文件，这个文件通常称为设备文件，在使用设备时通过对该文件操作实现对设备的使用。在安装和使用 Linux 系统时，使用频率较高的是存储设备，如各种硬盘、光驱等。由于不同的存储设备采用不同的接口，因此 Linux 对这些设备的命名采用了使用相关前缀的方式进行区分，如 IDE 设备采用 hd 开头。由于目前主流的硬盘采用 SATA 或者 SCSI 接口，因此使用更多的是采用 sd 开头的硬盘，对于目前使用频繁的 USB 移动存储设备（各种 U 盘或移动硬盘）Linux 系统也采用 sd 为其命名。

1.1.2　Linux 磁盘分区

对于 IDE 硬盘，驱动器标识为 hdxn，其中 hd 表明分区所在设备的类型，这里是指 IDE 硬盘。x 为盘号（a 为基本盘，b 为基本从属盘，c 为辅助主盘，d 为辅助从属盘），n 代表分区，前四个分区用数字 1~4 表示，它们是主分区或扩展分区，从 5 开始就是逻辑分区。例如，hda3 表示为第一个 IDE 硬盘上的第三个主分区或扩展分区，hdb2 表示为第二个 IDE 硬盘上的第二个主分区或扩展分区。对于 SCSI 硬盘则标识为 sdxn，SCSI 硬盘是用 sd 来表示分区所在设备的类型的，其余则和 IDE 硬盘的表示方法一样，如 sda1、sdb2、sdc2 等。

图 1.2 所示为一个典型硬盘分区示意图，其中硬盘设备名为 sda，sda1 为主分区，sda4 为扩展分区，在扩展分区上进行分区分成两个逻辑分区 sda5 和 sda6。

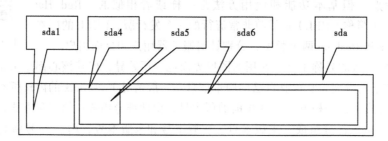

图 1.2　分区示意图

1.1.3　虚拟机的使用

Linux 系统使用的文件系统不同于 Windows 系统，为了便于学习和实验，需要采用虚拟机软件安装和使用 Linux 系统。虚拟机软件是利用虚拟化技术在现有的操作系统上虚拟出硬件设备来搭建用户所需的操作系统。目前，常用的虚拟机软件有 VMware、VirtualBox、Virtual PC、Qemu 等。

1. VirtualBox 的使用

VirtualBox 是一款非常优秀的开源虚拟机软件，具有性能稳定、功能完善和简单易用等特点，可虚拟的系统种类众多，因此越来越受到欢迎。其使用方法与主流虚拟机软件非常相似，所以很容易上手和使用。VirtualBox 主界面分为几个区域，左侧为已创建的虚拟机列表，右侧为所选虚拟机明细，上方为快捷按钮与菜单，如图 1.3 所示。

VirtualBox 的使用视频

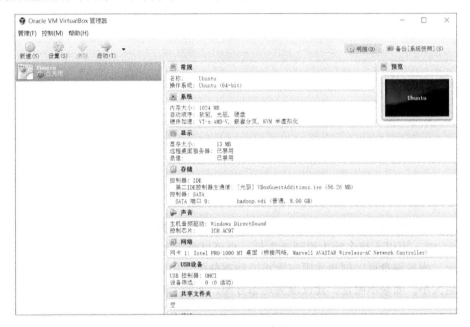

图 1.3　VirtualBox 主界面

创建虚拟机的步骤如下：

① 单击"新建"按钮可以创建新的虚拟机，在弹出的对话框中可以选择虚拟计算机（俗称电脑）名称和系统类型，如图 1.4 所示。

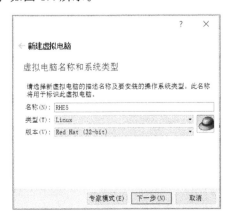

图 1.4　命名虚拟机

② 在设置虚拟电脑内存大小时，用户可以根据客户机的需求进行设置，在设置过程中还需要考虑相应限制，建议设置内存的大小不宜超过中间三角所示位置，如图 1.5 所示。

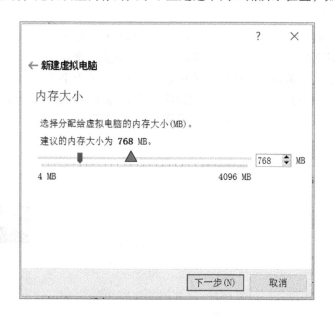

图 1.5　设置虚拟机内存

③ 添加虚拟硬盘时可以创建虚拟硬盘，如图 1.6 所示，同时也可以使用已有的虚拟硬盘文件。VirtualBox 可以支持多种虚拟硬盘文件，也可以兼容 QEMU 的虚拟硬盘文件格式，如图 1.7 所示。虚拟硬盘可以创建成固定大小或动态分配，如果可以确定系统存储大小，就可以设为固定大小；如果不确定，建议设为动态分配，如图 1.8 所示。

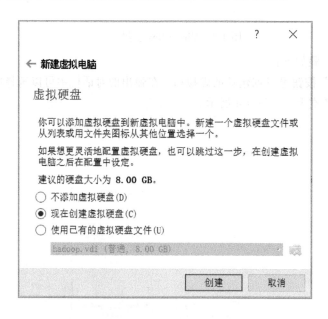

图 1.6　设置虚拟硬盘

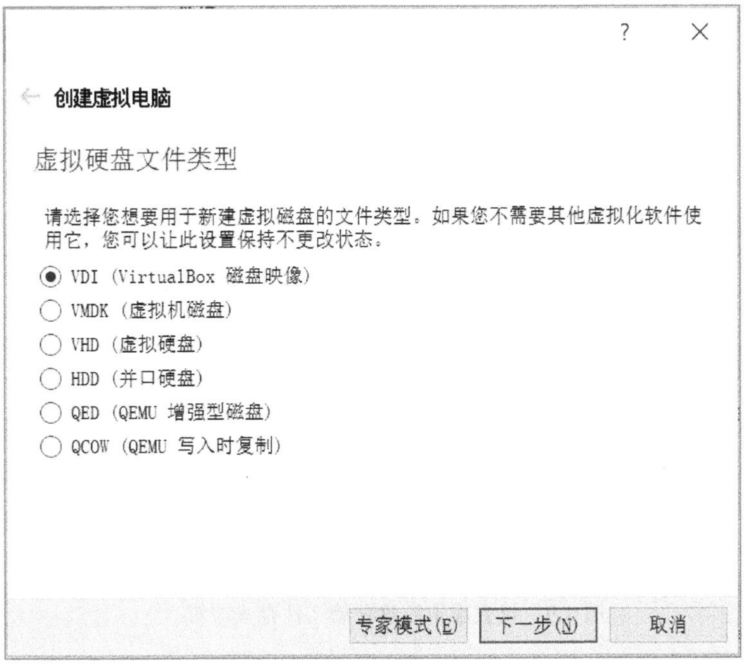

图 1.7 设置虚拟磁盘类型

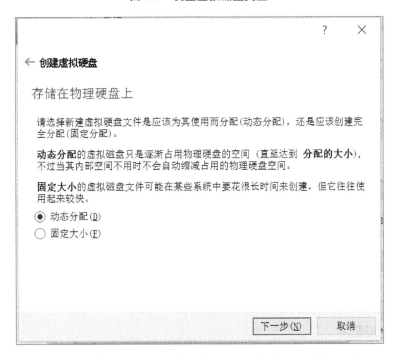

图 1.8 设置虚拟磁盘分配方式

④ 设置虚拟磁盘的存放位置，如图 1.9 所示。

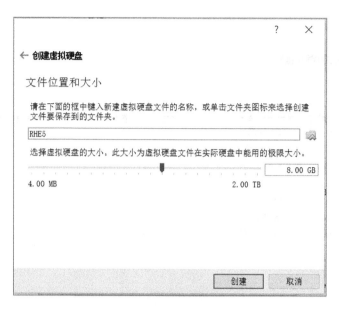

图 1.9　设置虚拟磁盘存储文件存放位置

在选中创建好的虚拟电脑后,单击"设置"按钮可以对其进一步设置。图 1.10 所示为虚拟电脑插入光盘或加载光盘镜像文件,用以安装操作系统。

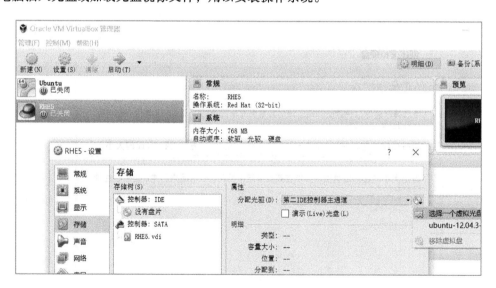

图 1.10　设置虚拟机

2. VMware 的使用

VMware 是著名的虚拟机软件,是全球桌面到数据中心虚拟化解决方案的领导厂商。VMware 在虚拟化和云计算基础架构领域处于全球领先地位,所提供的经客户验证的解决方案可通过降低复杂性以及更灵活、敏捷地交付服务来提高 IT 效率。

使用 VMware 创建虚拟机有两种方式:一是按照系统推荐的典型配

VMware 的使用视频

置，根据向导快速创建虚拟机；二是自定义创建虚拟机，这种方式用户可以根据需求自己设置虚拟机的一些细节，如 CPU 数、硬盘接口等参数。

这里采用典型配置快速创建虚拟机。设置步骤如下：

① 选择文件菜单中"新建虚拟机"命令打开新建虚拟机向导，如图 1.11 所示。

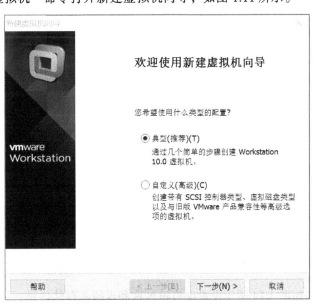

图 1.11　新建虚拟机

② 在选择客户机操作系统时，用户可以直接指定安装光盘（或选择安装镜像文件）进行安装，也可以创建一个含有空白硬盘的虚拟机，可以在以后进行安装，如图 1.12 所示。

图 1.12　选择安装来源

③ 虚拟机可以安装的操作系统种类较多，客户机操作系统提供多种选择，在每一类操作系统中还可以选择具体版本，如图 1.13 所示。

图 1.13　设置客户机操作系统

④ 如图 1.14 所示设置虚拟机名称和虚拟机存储位置。

图 1.14　设置虚拟机名称与存储位置

⑤ 在创建虚拟磁盘时，不仅可以设置磁盘大小，还可以将虚拟磁盘存储为单个文件或多个文件，如图 1.15 所示。将磁盘文件拆分后可以提高存储文件的兼容性，例如，在 FAT32 文件系统中不能存储大于 4 GB 的文件，如果虚拟磁盘存储在 FAT32 文件系统中就必须进行拆分。

项目 1 Linux 系统安装

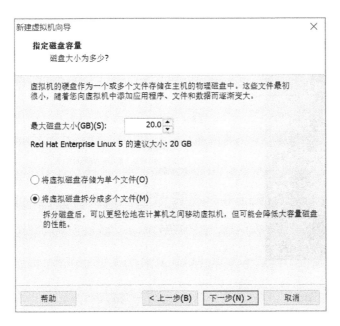

图 1.15 设置虚拟机硬盘大小与拆分方式

⑥ 在最后一步的窗口中用户还可以根据需要添加自定义硬件，如添加虚拟硬盘或虚拟网卡等，如图 1.16 所示。

图 1.16 完成创建虚拟机

⑦ 创建虚拟机过程中也可以选择自定义创建虚拟机的方式（见图 1.17），然后根据需求配置虚拟机。

⑧ 由于 VMware 版本较多，因此在定制创建虚拟机时可以选择虚拟机硬件兼容性，如图 1.18 所示。

9

图 1.17　自定义虚拟机向导

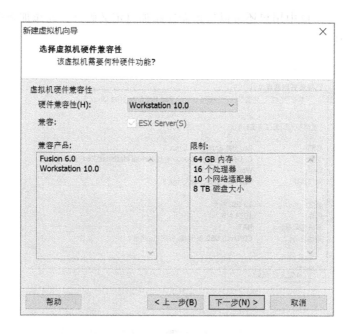

图 1.18　选择虚拟机硬件兼容性

⑨ 目前，计算机 CPU 的核数越来越多，在创建虚拟机时也可以选择处理器的数量和核心数，如图 1.19 所示。

⑩ VMware 在设置虚拟机内存时会根据用户选择操作系统类型以及宿主计算机实际物理内存等参数为用户提示客户机最低操作系统、最低内存，以及推荐内存和最大内存设置标准，如图 1.20 所示。

项目 1 Linux 系统安装

图 1.19 处理器配置

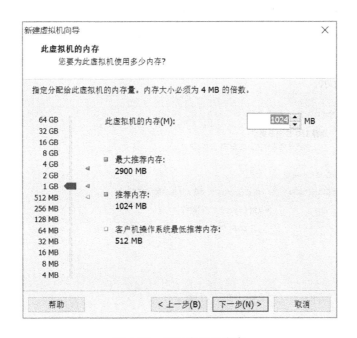

图 1.20 设置虚拟机内存

⑪ VMware 有 3 种网络类型，在定制创建虚拟机过程中可以选择网络类型，默认为"使用网络地址转换（NAT）"网络类型，如图 1.21 所示。这 3 种类型网络使用用途不同，"使用桥接网络"可以使客户机操作系统接入宿主机所在网络，使客户机与宿主机为统一网段。NAT 网络以宿主机做 NAT 转换，通过宿主机访问外部网络，"使用仅主机模式网络"时客户机操作系统与宿主机之间构成专用的虚拟网络。

11

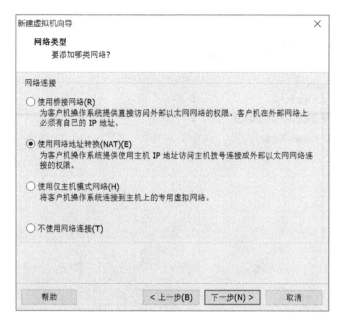

图 1.21　设置网络连接类型

⑫ VMware 在虚拟 I/O 控制器时提供 3 种类型：BusLogic，技术相对较早性能比其他两个较差一些，针对一些较老的操作系统（如 Windows 2000），这样的技术却有较好的兼容性。LSI Logic 和 LSI Logic SAS 性能要优于 BusLogic，两者的性能也相近，一般情况下按照推荐选择即可，如图 1.22 所示。

图 1.22　选择 I/O 控制器类型

⑬ 磁盘类型种类提供了3种常用类型：IDE、SCSI 和 SATA，推荐采用 SCSI 磁盘，如图 1.23 所示。

图 1.23　选择磁盘类型

⑭ 单击"下一步"按钮，选择"创建新虚拟机磁盘"单选按钮，如图 1.24 所示。

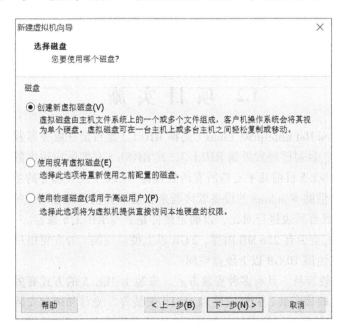

图 1.24　选择磁盘

⑮ 单击"下一步"按钮，选择 CD/DVD（SATA）选项设置光驱，如图 1.25 所示。

图 1.25　设置光驱

1.2　项 目 实 施

本书所使用的 Red Hat Enterprise Linux（简称 RHEL）是目前在服务器领域技术非常成熟的一款 Linux 发行版，目前已经发展到 RHEL 7，其 RHEL 5 在实际应用中依然是主流，对硬件的支持非常好，RHEL 5 目前几乎支持所有的处理器（CPU）及大部分的主流硬件。如果有特异设备，用户可以借助 Windows 的设备管理器来查看计算机中的各硬件的型号，并与 Red Hat 公司提供的硬件兼容列表进行对比，以确定硬件是否与 RHEL 5 兼容。

RHEL 5 要求系统至少有 256 MB 内存，2 GB 以上硬盘空间，为方便用户选择性使用多种应用程序，通常建议使用 10 GB 以上硬盘空间。

RHEL 的安装比较容易，且有多种安装方式。安装 RHEL 5 的方式有多种，包括光盘安装、硬盘安装、NFS 映像安装、FTP 安装和 HTTP 安装等。光盘和硬盘安装属于本地安装，NFS、FTP 和 HTTP 安装属于网络安装。本书将选用最常用的本地光盘安装方式进行安装。有两种途径可获得 Red Hat Linux 的最新发行版本：一是从经销商处直接购买；二是从 Red Hat 官方网站（www.redhat.com）下载最新的安装包。

1.2.1 默认安装方式

1. 启动安装程序

将光盘镜像文件挂载虚拟机的光驱，从光盘启动安装程序后，就会出现如图 1.26 所示的界面。

RHEL 5 系统安装视频

REHL 提供 3 种安装选项：按【Enter】键，直接进入图形模式（Graphical Mode）安装；如果在"boot:"提示符后输入 Linux text，按【Enter】键，则以文本模式（Text Mode）安装；下面列出的功能键用来获得更多信息的方式安装。

图 1.26　安装界面

这里可直接按【Enter】键，进入图形安装界面进行系统安装。

2. 检测 CD 光盘介质

图 1.27 所示界面为测试安装所使用的光盘介质是否存在问题，目的是防止安装过程中由于光盘介质存在数据丢失导致安装失败。这个过程往往由于光盘驱动器读取速度较慢可能会耗费较多时间，如果不希望检测介质，可使用键盘上的【Tab】键或方向键选择 Skip 略过此步。

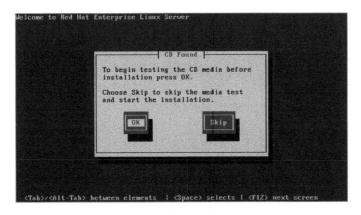

图 1.27　检查介质

3. 选择安装过程中使用的语言

在进入图形安装界面后首先选择安装过程中所使用的语言，如图 1.28 所示。在此选择 Chinese(Simplified)（简体中文），单击 Next 按钮。

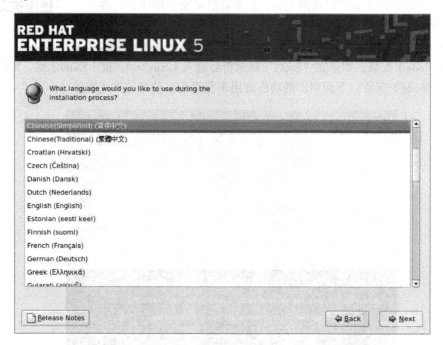

图 1.28　语言选择

4. 配置键盘

配置键盘界面如图 1.29 所示，默认为"美国英语式"，单击"下一步"按钮。

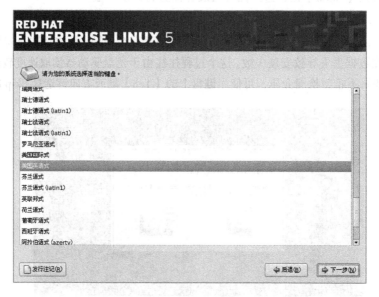

图 1.29　配置键盘

5. **设置磁盘分区**

① 在接下来的安装过程中安装程序会要求输入安装号码，这样可以在后续的安装步骤中安装附加组件，这里选择"跳过输入安装号码"，如图 1.30 所示。这并不影响安装程序安装过程所需的核心程序与组件。

图 1.30 "安装号码"对话框

② 由于硬盘没有格式化或者无法被安装程序读取时，安装程序会提示对硬盘设备初始化，单击"确定"按钮后会清除该硬盘的所有数据，"警告"对话框如图 1.31 所示。

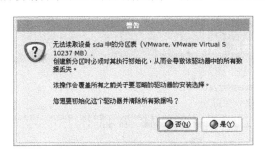

图 1.31 清除数据警告

③ 在进入图 1.32 所示的界面后，列表框中有 4 个选项，分别为"在选定磁盘上删除所有分区并创建默认分区结构""在选定驱动上删除 linux 分区并创建默认的分区结构""使用选定驱动器中的空余空间并创建默认分区结构"和"建立自定义分区结构"。第一种最简单，使用整个磁盘安装 Linux 系统，并采用默认的分区方式进行分区，默认分区只创建一个 boot 分区、一个 swap 分区，剩余空间都分给"/"分区；第二种方式往往作用于已有 Linux 系统分区的硬盘上，删除原有 Linux 分区后按默认分区方式进行分区；第三种方式利用硬盘上没有分区的空间按照默认方式进行分区，这种方式可以保证原有操作系统正常运行，一般用于安装多操作系统；最后一种自定义分区方式有很大的灵活性，可以根据需求任意设置分区。

在这一步还可以设置启动引导程序的加密，以及选择其他引导程序，这里不进行加密设置，直接选择"在选定磁盘上删除所有分区并创建默认分区结构"，单击"下一步"按钮。

④ 磁盘分区设置完成后，设置引导装载程序，如图 1.33 所示。REHL 默认采用 GRUB 作为引导程序，这一步还可以为引导程序添加口令。

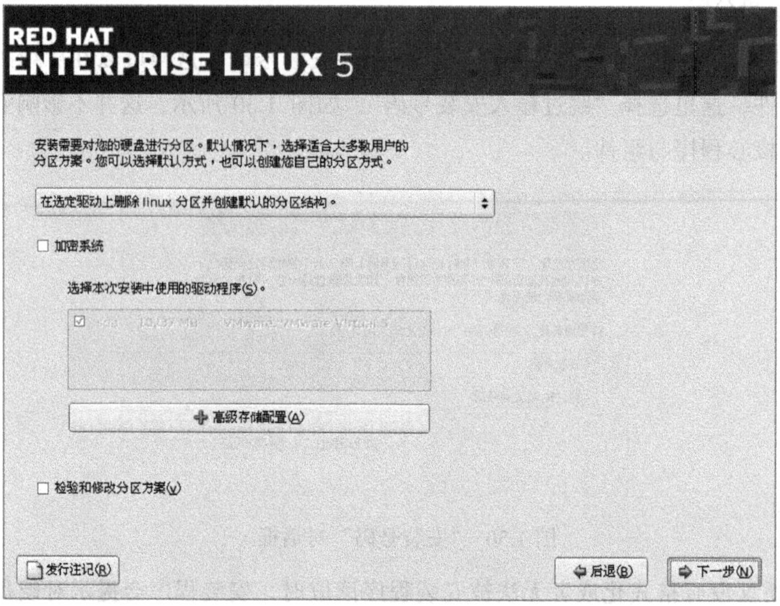

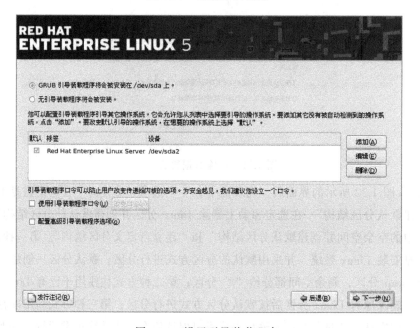

图 1.32　磁盘分区设置

图 1.33　设置引导装载程序

6. 网络设备配置

在安装过程中可以设置基本网络参数，如图 1.34 所示。默认情况采用在引导时激活网络设备，并采用 DHCP 方式自动获取 IP 地址，在这里也可以手工设置网络信息。如果设置为 DHCP 方式获取相关参数，在系统安装后的启动过程中，如果没有正确的 DHCP 服务，在初始化网络设备时会耗费较长时间。

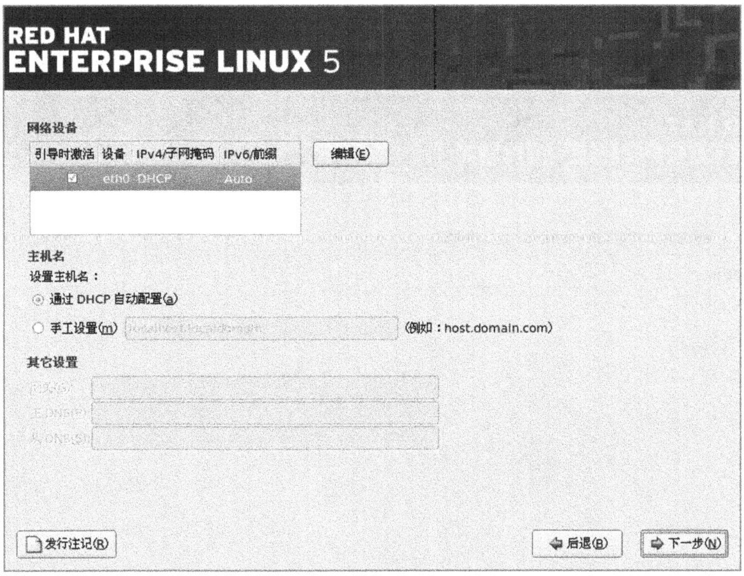

图1.34 设置基本网络参数

7. 时区设置

安装过程中位置默认选择"亚洲/上海"如图1.35所示。也可以根据实际情况选择相应时区，并单击"下一步"按钮。一般情况下，人们在安装过程中不太重视时区选择，在单机应用情景下时间参数不正确不会影响应用，但如果在一些存在需要时间同步的多结点体系中（如云计算平台），时间设置就需要正确，如果结点间的时间存在差别可能会导致整个系统运行不正常。

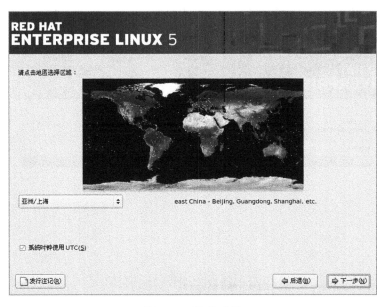

图1.35 选择时区

8. 设置根密码

Linux系统对用户权限管理严格，因此在安装过程中需要设置root用户的登录密码，设置界面如图 1.36 所示。输入时注意两次密码要求一致，密码字符个数不少于 6 个，然后单击"下一步"按钮。

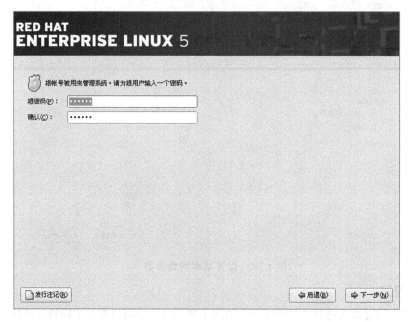

图 1.36　设置根密码

9. 选择软件包组

① RHEL 在安装过程中会默认安装一些互联网应用软件，在这一步用户可以选择安装额外功能，也可以在系统安装完成后在系统中根据需要进行安装，如图 1.37 所示。这里可以选择"稍后定制"，然后单击"下一步"按钮。

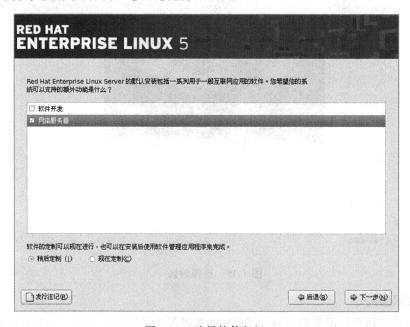

图 1.37　选择软件包组

项目 **1** Linux 系统安装

② 安装程序会根据前面的设置向硬盘中复制软件,这个过程需要较长时间。在复制完成后,出现如图 1.38 所示界面,单击"重新引导"按钮后重启系统。

图 1.38　安装完成界面

10. 系统的基本配置

① 系统重启后,进入系统基本配置过程,首先出现的是许可协议界面,选择"是,我同意这个许可协议"单选按钮,单击"前进"按钮,如图 1.39 所示。

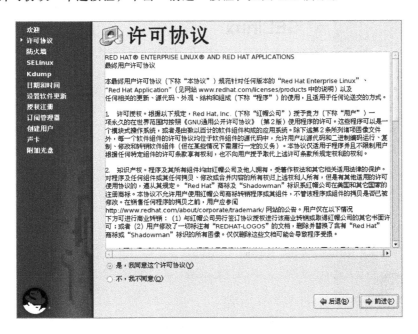

图 1.39　许可协议

② 在"防火墙"设置界面中可以选择"启用"和"禁用",分别用来开启和关闭防火墙,如图 1.40 所示。如果选择了"启用"则可以在添加"信任的服务"和"其他端口"进行设置,也可以根据自己的需要进行设置。此处选择"禁用",单击"前进"按钮。

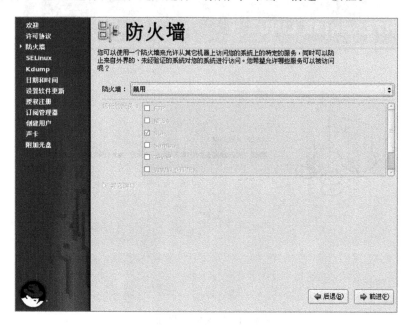

图 1.40　防火墙

③ Linux 安全设置的另一项是 SELinux,可以选择"禁用",单击"前进"按钮,如图 1.41 所示。

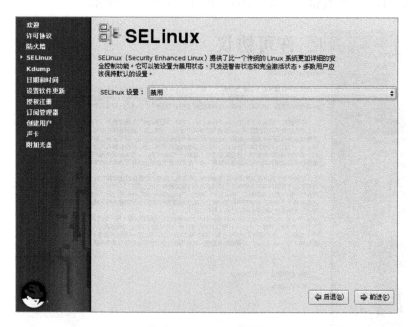

图 1.41　SELinux 界面

④ 图 1.42 所示为 Kdump 内核崩溃转储机制设置，可以不勾选"启用 Kdump"复选框，单击"前进"按钮。

图 1.42　Kdump 界面

⑤ 系统安装程序会自动检测当前日期和时间进行设置，如图 1.43 所示。用户也可以根据实际情况手工设置日期和时间，然后单击"前进"按钮。

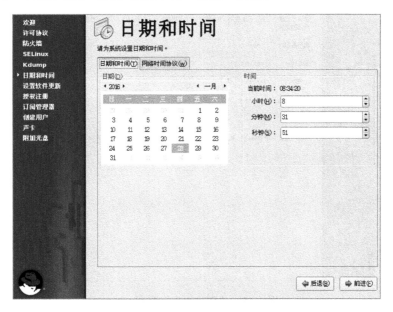

图 1.43　"日期和时间"界面

⑥ RHLE 支持通过网络对软件进行更新，设置界面如图 1.44 所示。如果前面设置网络参数无误，能够连接到互联网可以进行注册以及更新软件，此处可以选择"不，我将在以后

注册。"单选按钮，然后单击"前进"按钮。

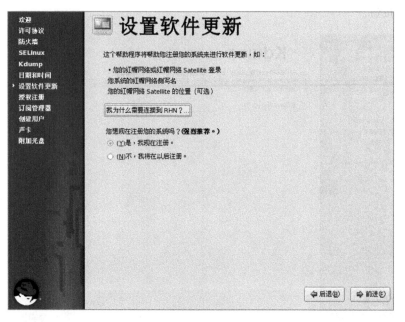

图 1.44 "设置软件更新"界面

⑦ Linux 系统要求在安装时添加一个普通用户账号，然后单击"前进"，如图 1.45 所示。

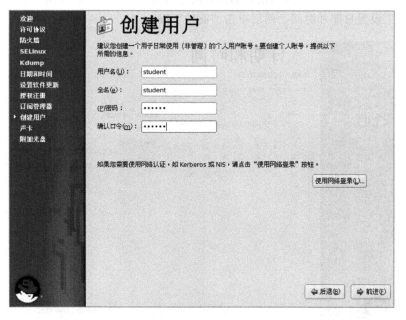

图 1.45 "创建用户"界面

⑧ 在此之后，还有设置声卡和附加光盘等内容，由于服务器设置与这些内容关系较少，因此不再说明，一直单击"前进"按钮并重新引导系统，将会看到登录界面，如图 1.46 所示。

项目 1　Linux 系统安装

图 1.46　登录界面

1.2.2　定制安装方式

默认安装过程安装程序默认分区方式比较简单，不适合所有应用场景，因此有时需要根据应用需求对安装分区进行手工设置。以下操作将一块硬盘分成 4 个分区："/boot"分区、swap 分区、"/"分区和"/home"分区。

① 在安装过程中，执行到选择分区方式时，选择"建立自定义的分区结构"，单击"下一步"按钮继续，如图 1.47 所示。

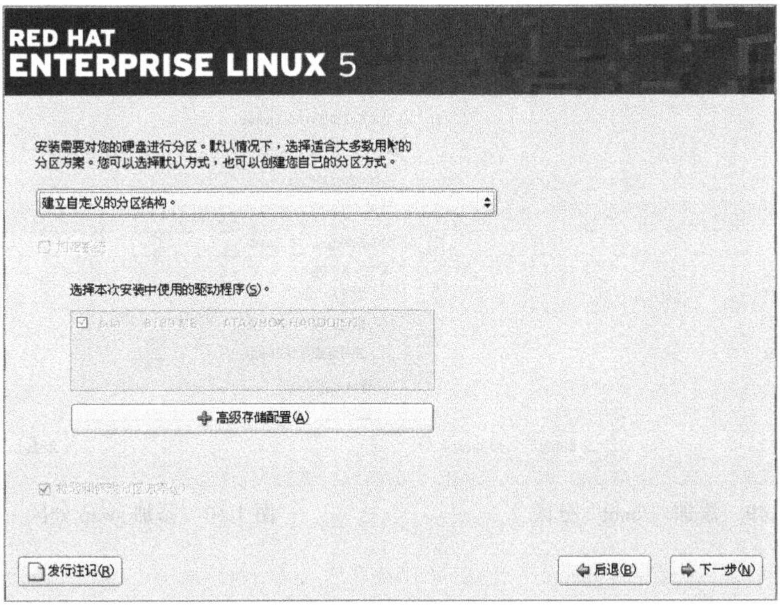

图 1.47　选择分区方式

② 在图 1.48 所示的分区界面中单击"新建"按钮，弹出如图 1.49 所示的"添加分区"对话框，选择"挂载点"为"/boot"，选择"指定空间大小"，后面的值设为"100"，单击"确定"按钮。

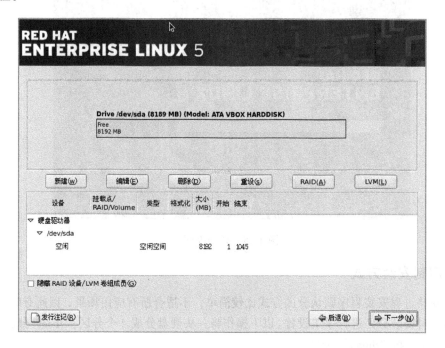

图 1.48 分区界面

③ 用同样方式创建交换分区，如图 1.50 所示，添加"/"分区，如图 1.51 所示，添加"/home"分区，如图 1.52 所示。最终分区结果如图 1.53 所示。

图 1.49 添加"/boot"分区　　　　　　图 1.50 添加 swap 分区

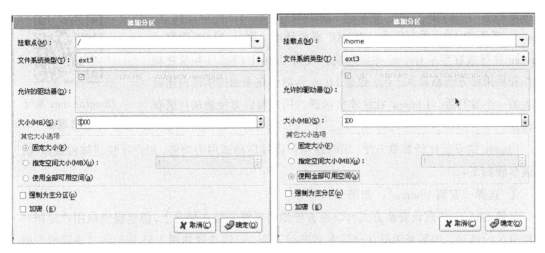

图 1.51　添加"/"分区　　　　　　　　图 1.52　添加"/home"分区

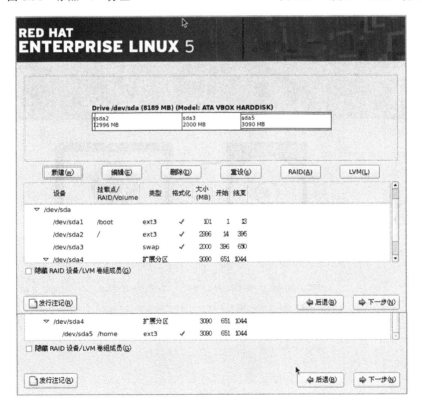

图 1.53　分区列表

1.3　技术拓展

1.3.1　安装 Ubuntu Linux

Ubuntu（乌班图）是一个以桌面应用为主的 Linux 操作系统，其名称来自非洲南部祖鲁语或豪萨语的 Ubuntu 一词，意思是"我的存在是因为大家的存在"。Ubuntu 基于 Debian 发行版和 GNOME 桌面环境，而从 11.04 版起，Ubuntu 发行版放弃了 Gnome 桌面环境，改为 Unity。Ubuntu 系统在稳定性和易用性方面都非常出色，也是 Linux 族群中在桌面应用所占比例较大的一个发行版。Ubuntu 社区非常活跃，用户可以方便地从社区获得帮助。

Ubuntu Linux 系统安装视频

Ubuntu 的安装比较简单方便，同时还提供直接启动试用的功能，用户可快速体验该系统。安装步骤如下：

① 选择"安装 Ubuntu"，如图 1.54 所示。

虽然 Ubuntu 的默认安装方式可以很方便地将系统安装在硬盘上，但也提供给用户定制和调整分区的选项。如果采用默认分区方案进行安装，可以选择如图 1.55 所示的"清除整个磁盘并安装 Ubuntu"；如果需要自己调整分区，可以选择"其他选项"进入相关界面对磁盘进行手工设置。

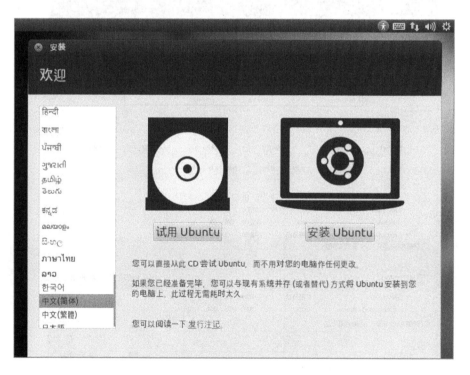

图 1.54　选择安装语言、安装或试用选项

图 1.55　选择安装类型

② "清除整个磁盘并安装 Ubuntu"界面，如图 1.56 所示。

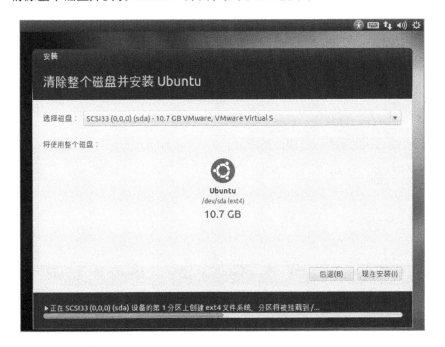

图 1.56　"清除整个磁盘并安装 Ubuntu"界面

③ 与很多操作系统安装一样，设置系统时间和键盘，如图 1.57 和图 1.58 所示。

图 1.57 设置时间

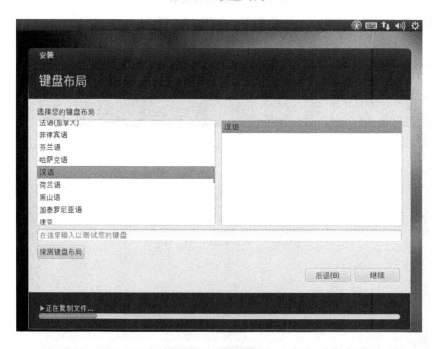

图 1.58 设置键盘

④ 在图 1.59 所示页面设置用户信息与计算机名称。Ubuntu 默认不提供以 root 用户身份登录，而是推荐用在这里设置的用户进行登录。如果选择"自动登录"选项就可以无密码登录。

项目 1 Linux 系统安装

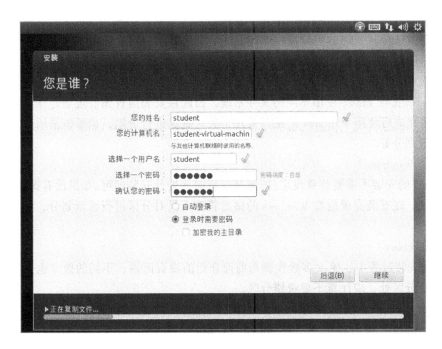

图 1.59　设置登录用户

在此后的安装系统过程中还会从网络上下载一些文件，所以安装过程时间较长。安装完成后重启系统。

1.3.2　多操作系统安装

随着操作系统的不断发展，在一台计算机上同时安装两套以上的操作系统已经越来越容易。在同一台计算机上安装两套不同操作系统的原理在于安装过程中操作系统处理引导程序的方法，目前大多数操作系统在安装过程中都能够智能化安装引导程序，或者提供用户手工设置的方式。

1. Linux 的引导程序

计算机启动时，在对计算机硬件自检完成后，会启动一个引导程序，由它引导操作系统启动。引导 Linux 系统的过程经过很多阶段，不论是标准的 x86 桌面系统，还是嵌入式的 Power PC，甚至现在常用的安卓系统，其引导过程都很相近。

Linux 系统目前常用的引导程序是 GRand Unified Boot loader（简称 GRUB），它是 GNU 项目的启动引导程序。GRUB 提供多操作系统启动的功能。GRUB 可用于选择操作系统分区上的不同内核，也可用于向这些内核传递启动参数。除了 GRUB 引导程序，有的 Linux 系统还采用 LILO（LInux LOader），但由于其功能上的限制，使用者也较少。

2. Windows 7 与 Linux 双系统的安装

在一些特殊的需求下，往往会在同一台物理机上安装两个或者两个以上的操作系统，例如，在一台计算机上同时安装 Windows 系统和 Linux 系统，或者在同一台服务器上安装两个不同版本的 Linux 系统，这时就需要借助 GRUB 的帮助来实现。

下面以 Windows 7 和 Linux 系统安装在同一台计算机上为例介绍双系统的安装方法。在安装前需要确定安装顺序，一般情况下先安装 Windows 系统，然后再安装 Linux 系统，这样 GRUB 会识别 Windows 系统的引导程序而保证两个系统都可以正常启动。如果安装顺序反了，Windows 的引导程序会覆盖已经安装好的 GRUB，就无法实现双系统正常启动。

（1）系统存储划分

Windows 系统与 Linux 使用不同的文件系统，因此在安装前首先要规划好存储，可以在 Windows 安装完成后使用 Windows 的磁盘管理工具对磁盘进行分割，也可以采用分区工具在安装前将硬盘划分好。

（2）安装 Windows 7

Windows 7 的安装不需要特殊设定，按照其安装向导进行安装即可。如果没有提前为 Linux 划定安装分区，在安装完成后在 Windows 的磁盘管理工具对分区进行重新划分，将其转换为未知分区即可。

（3）安装 Linux

Linux 在安装过程中，绝大多数步骤与前面介绍的没有区别，不同的地方也是最为关键的地方是选定分区处，应注意不要选错分区。

小　　结

在使用 Linux 之前，必须首先将其安装在计算机中，本项目侧重于对 Red Hat Enterprise Linux 5 安装方法的介绍，内容覆盖了从安装前的准备到具体的安装过程。

本项目介绍安装方法时，重点介绍了通过光盘安装方式，以及通过硬盘安装前期要做的准备工作。虽然本项目以 RHEL 为例进行介绍，但具体安装过程同样适用于其他版本的 Linux 操作系统。

练　　习

1. 对比一下 Red Hat Linux 与 Ubuntu Linux 的安装过程有什么异同。
2. 双系统安装过程中应注意哪些问题？
3. 在网上访问一些 Linux 开源社区，了解 Linux 运维领域的新动向。

文件和目录管理

在计算机中数据信息都存储在各种不同的文件当中,因此操作系统一个非常重要的作用就是管理各种各样的文件。文件系统是操作系统最重要的一部分,它定义了磁盘上存储文件的方法和数据结构。文件系统是操作系统组织、存取和保存信息的重要手段,每种操作系统都有自己的文件系统,如 Windows 所用的文件系统主要有 FAT16、FAT32 和 NTFS,Linux 所用的文件系统主要有 ext2、ext3、ext4(新版本)等。

2.1 技术准备

2.1.1 文件与目录

1. Linux 文件系统类型介绍

文件系统是操作系统在存储介质上组织文件的方法,不同的操作系统采用不同的文件系统类型。Linux 支持的文件系统类型较多,仅就 Linux 核心而言就可以支持十多种文件系统类型:JFS、ReiserFS、ext、ext2、ext3、iso9660、XFS、Minx、msdos、umsdos、Vfat、NTFS、Hpfs、NFS、smb、sysv、proc 等。很长一段时间 ext3 是多数 Linux 发行版默认的文件系统,但 Linux 核心从 2.6.28 开始正式支持新的文件系统 ext4,越来越多的发行版开始采用 ext4 作为默认文件系统。在这些文件系统中与 Windows 相关的文件系统类型有 msdos、umsdos、Vfat、NTFS 等,iso9660 是标准 CDROM 文件系统。

2. Linux 文件系统结构

Linux 文件系统中文件包含了文件中存储的数据以及文件系统的结构并存储在块存储设备上,用户与程序通过文件系统访问这些文件。Linux 将整个文件系统表示成单一实体的层次树结构,在系统安装一个文件系统时会将其加入到文件系统层次树中。不管文件系统属于什么类型,都被连接到一个目录上,且此文件系统上的文件将取代此目录中已存在的文件。这个目录被称为安装点或者安装目录。当卸载此文件系统时这个安装目录中原有的文件将再次出现。

Linux 操作系统使用虚拟文件系统(VFS)实现对多种文件系统的支持,VFS 向上和用户进程文件访问系统调用接口,向下和具体不同文件系统的实现接口,如图 2.1 所示。通过 VFS 可以实现任意的文件系统,这些文件系统通过文件访问系统调用都可以访问。

Linux 系统中文件与目录在文件系统的组织和管理下为用户提供了一种树状结构,用户在使用文件和目录的时候，就像在操作和管理这棵树的各个叶子结点。虽然 Linux 拥有多种发行版，但其目录结构与用途基本一致，如图 2.2 所示。

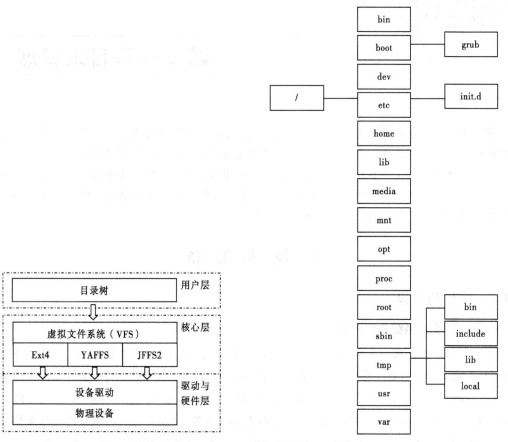

图 2.1　Linux 虚拟文件系统工作原理　　　　图 2.2　Linux 目录树结构

Linux 目录树的起点为根目录"/"，其他目录根据功能和特点分布其下，具体存放内容如表 2.1 所示。

表 2.1　Linux 目录用途

目录名称	目　录　内　容
/bin	存放常用命令的目录，这些命令可以被 root 与一般账号所使用
/boot	存放系统启动和引导所需文件与配置信息，Linux 核心文件一般放在此目录内
/dev	存放 Linux 系统中设备所对应的设备文件
/etc	存放系统配置文件，所有用户都可以查看文件，但只有 root 用户才有修改的权限。该目录下的 /etc/init.d/ 目录是所有服务的启动脚本存放的位置
/home	存放普通用户的工作目录（也叫家目录），用户在自己的工作目录中拥有全部权限
/lib	存放库文件和内核模块
/media	即插即用设备的挂载点自动存放在这个目录下
/mnt	用于挂载临时文件系统，早期版本 mnt 的功能与 media 相同，后来将两者做了区分

续表

目录名称	目录内容
/opt	第三方软件的存放目录
/root	Linux 超级权限用户 root 的工作目录
/sbin	存放基本的系统维护命令,只能由超级用户使用
/srv	存放一些服务器启动之后需要提取的数据
/tmp	临时文件目录
/usr	存放用户使用系统命令和应用程序等信息
/var	存放经常变动的数据,如日志、邮件等

除了本地文件系统 Linux 还可以通过挂载的方式将其他文件系统挂载到指定的目录上。无论是本地文件系统还是通过挂载的其他文件系统,Linux 中文件在目录树中的位置都是通过路径方式描述,每一个文件在目录树中的路径是唯一的。在 Linux 中有两种路径表示方式:绝对路径和相对路径。

① 绝对路径:由根目录(/)开始写起的文件名或目录名称,例如 /home/student/.bashrc。

② 相对路径:相对于当前位置的路径表述。例如,student/.bashrc 表示当前目录下 student 目录下的.bashrc 文件。还可以用"./"表示当前目录,"../"表示所在位置的上一级目录,如"./home/student 或 ../../home/student/ 等。

3. Linux 终端的使用

Linux 是一个多用户多任务系统,可以通过多个终端供不同用户同时登录和使用系统。Linux 终端也被称为虚拟控制台,采用字符命令方式工作,用户通过键盘输入命令,执行结果或反馈信息通过显示器为用户显示。在 Linux 提供图形操作界面的环境下,终端存在两种模式:一种是纯文本模式,如图 2.3 所示;另一种是在图形界面中的字符终端,如图 2.4 所示。

Linux 终端的使用视频

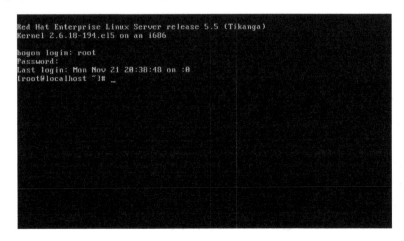

图 2.3 纯文本模式命令终端

图 2.4 图形界面中的字符终端

通常 Linux 有 6 个终端,如果启动了 X Window 则 X Window 在第 7 个虚拟终端,使用【Ctrl+Alt+F1～F7】组合键进行切换。

2.1.2 Linux 文件和目录的操作

操作系统中存在大量的文件和目录(相当于文件夹),是系统管理员日常管理的主要对象,因此系统提供很多相关命令,熟练使用这些命令是作为系统管理员必不可少的基本条件。

文件创建、查看和显示视频

1. Linux 文件操作

(1)创建、查看和显示文件

① 创建文件:方法较多,可以使用命令 touch 创建一个空文件。

示例 1:创建文件。

```
[root@localhost ~]# touch 2.txt
```

② 查看文件信息:最常用的命令是 ls,可以查看当前或指定目录下文件信息。在提示符后输入 ls 后按【Enter】键,会显示当前目录下文件信息。

示例 2:查看当前目录下文件。

```
[root@localhost ~]# ls
2.txt  anaconda-ks.cfg  Desktop  install.log  install.log.syslog
```

命令格式:ls [选项]... [文件名]...

主要选项:

-l:显示文件详细信息;

-a:显示所以文件和目录,包含隐藏文件和目录。

示例 3:显示文件详细信息。

```
[root@localhost ~]# ls -l
总计 64
-rw-r--r--  1 root root  1473 08-14 19:33 2.txt
-rw-------  1 root root  1301 2016-01-28 anaconda-ks.cfg
drwxr-xr-x  2 root root  4096 08-14 11:42 Desktop
-rw-r--r--  1 root root 28965 2016-01-28 install.log
-rw-r--r--  1 root root  4390 2016-01-28 install.log.syslog
```

示例4：显示当前目录下全部文件的详细信息。

```
[root@localhost ~]# ls -al
总计 216
drwxr-x--- 17 root root  4096 09-25 12:09 .
drwxr-xr-x 24 root root  4096 2016-09-25 ..
-rw-r--r--  1 root root  1473 08-14 19:33 2.txt
-rw-------  1 root root  1301 2016-01-28 anaconda-ks.cfg
-rw-------  1 root root   321 08-14 11:39 .bash_history
-rw-r--r--  1 root root    24 2006-07-13 .bash_logout
-rw-r--r--  1 root root   191 2006-07-13 .bash_profile
-rw-r--r--  1 root root   176 2006-07-13 .bashrc
drwx------  2 root root  4096 2016-01-28 .chewing
drwx------  3 root root  4096 08-14 19:33 .config
-rw-r--r--  1 root root   100 2006-07-13 .cshrc
drwxr-xr-x  2 root root  4096 08-14 11:42 Desktop
-rw-------  1 root root    26 2016-01-28 .dmrc
drwxr-x---  2 root root  4096 2016-01-28 .eggcups
drwx------  4 root root  4096 09-25 12:09 .gconf
drwx------  2 root root  4096 09-25 12:41 .gconfd
drwxr-xr-x  3 root root  4096 2016-01-28 .gnome
drwx------  7 root root  4096 08-14 11:39 .gnome2
drwx------  2 root root  4096 2016-01-28 .gnome2_private
drwxr-xr-x  2 root root  4096 2016-01-28 .gstreamer-0.10
-rw-r--r--  1 root root    81 2016-01-28 .gtkrc-1.2-gnome2
-rw-------  1 root root   756 09-25 12:09 .ICEauthority
-rw-r--r--  1 root root 28965 2016-01-28 install.log
-rw-r--r--  1 root root  4390 2016-01-28 install.log.syslog
drwx------  3 root root  4096 2016-01-28 .metacity
drwxr-xr-x  3 root root  4096 08-14 11:39 .nautilus
-rw-r--r--  1 root root  1276 08-14 19:34 .recently-used.xbel
drwxr-xr-x  3 root root  4096 2016-01-28 .redhat
drwx------  4 root root  4096 2016-01-28 .scim
```

```
-rw-r--r--  1 root root    129 2006-07-13 .tcshrc
drwx------  8 root root   4096 08-14 11:42 .Trash
-rw-r--r--  1 root root   7457 09-25 12:21 .xsession-errors
```

文件名前带"."的文件或目录为隐藏文件或目录。

示例 5：列出"/home"目录下文件与目录的详细信息。

```
[root@localhost ~]# ls -l /home
总计 12
drwx------ 3 student student 4096 2016-01-28 student
drwxr-xr-x 6 root    root    4096 08-14 19:27 student0001
```

（2）复制和移动文件

① 复制文件：文件复制命令 cp 用于将指定文件复制到指定位置。

命令格式：cp [选项]... 源文件/目录 目的文件/目录

主要选项：

-a：此选项的效果和同时指定"-dpR"参数相同；

-d：当复制符号连接时，把目标文件或目录也建立为符号连接，并指向与源文件或目录连接的原始文件或目录；

文件的复制移动视频

-f：强行复制文件或目录，不论目标文件或目录是否已存在；

-i：覆盖既有文件之前先询问用户；

-l：对源文件建立硬连接，而非复制文件；

-p：保留源文件或目录的属性；

-R/r：递归处理，将指定目录下的所有文件与子目录一并处理；

-s：对源文件建立符号连接，而非复制文件；

-u：使用这项参数后只会在源文件的更改时间较目标文件更新时或者名称相互对应的目标文件并不存在时，才复制文件；

-S：在备份文件时，用指定的后缀 SUFFIX 代替文件的默认后缀；

-b：覆盖已存在的文件目标前将目标文件备份；

-v：详细显示命令执行的操作。

示例 6：将当前目录下的 install.log 文件复制到当前目录下的 Desktop 目录中，并用 ls 查看 Desktop 目录。

```
[root@localhost ~]# cp install.log Desktop/
[root@localhost ~]# ls Desktop/
install.log
```

复制文件时，如果目标地址已经存在同名文件，系统会询问是否进行覆盖，输入"y"进行覆盖，输入"n"不进行覆盖。

```
[root@localhost ~]# cp install.log Desktop/
cp: 是否覆盖"Desktop/install.log"？ y
```

如果在复制命令中添加"-f"选项，将会强制复制。

示例 7：复制文件的同时对文件进行重命名。

```
[root@localhost ~]# cp Desktop/install.log install.log.bak
```

```
[root@localhost ~]# ls
2.txt    Desktop    install.log.bak
anaconda-ks.cfg install.log install.log.syslog
```

示例8：将目录复制到另一个目录下。

```
[root@localhost ~]# cp -r Desktop/ /mnt
[root@localhost ~]# ls /mnt
Desktop hgfs
```

示例9：复制多个文件或目录至指定目录。

```
[root@localhost ~]# cp -R install.log anaconda-ks.cfg Desktop/ /mnt
[root@localhost ~]# ls /mnt
anaconda-ks.cfg Desktop hgfs install.log
```

② 移动文件：mv 命令用于移动文件或重命名文件。

命令格式：mv [选项] 源文件或/目录 目标文件/目录

主要选项：

-b：覆盖操作前先进行备份；

-f：强制覆盖，如果目标文件已经存在，不询问直接覆盖；

-i：若目标文件已存在，会询问是否覆盖；

-u：若目标文件已经存在，且源文件比较新，才会更新；

-t：--target-directory=DIRECTORY move all SOURCE arguments into DIRECTORY，即指定 mv 的目标目录，该选项适用于移动多个源文件到一个目录的情况，此时目标目录在前，源文件在后。

示例10：移动文件。

```
[root@localhost ~]# mv install.log Desktop/
[root@localhost ~]# ls Desktop/
install.log
```

示例11：文件重命名。

```
[root@localhost ~]# mv install.log.syslog install.info
```

（3）删除文件

rm 命令用于删除一个或多个文件或目录，对于链接文件，只是删除了链接，原有文件保持不变。

命令格式：rm [选项] 文件…

主要选项：

-f：忽略不存在的文件，不给出提示；

-i：进行交互式删除；

-r、-R：将参数中列出的全部目录和子目录递归地删除。

示例12：删除指定文件。

```
[root@localhost ~]# rm Desktop/install.log
rm: 是否删除 一般文件 "Desktop/install.log"？y
[root@localhost ~]# ls Desktop/
```

文件的删除

```
install.log.bbb
```
删除过程中系统会提示确认删除，输入"y"后删除文件，输入"n"则不删除文件。如果添加选项"-f"可以进行强制删除。

示例 13：将 test1 子目录及子目录中所有档案删除。

```
[root@localhost ~]# rm -r test1
```

示例 14：将 test2 子目录及子目录中所有档案强制删除。

```
[root@localhost ~]# rm -rf  test2
[root@localhost test]# rm -rf test2
```

（4）查找文件

Linux 系统中可以使用查找命令查找文件，常用的查找命令有 find、locate、grep 等。

① find 命令：最常用的查找命令，功能十分强大，可以根据文件名、权限、用户和组群等多种条件进行查询。

命令格式：find　[指定目录] [指定条件] [指定动作]

指定目录：所要搜索的目录及其所有子目录，默认为当前目录。

指定条件：所要搜索的文件的特征。

-name　filename：查找名为 filename 的文件。

-perm：按执行权限来查找。

-user　username：按文件属主来查找。

-group groupname：按组来查找。

-mtime　-n +n　-atime　-n +n：按文件访问时间来查找。

-ctime　-n +n：按文件创建时间来查找文件，-n 指 n 天以内，+n 指 n 天以前。

指定动作：对搜索结果进行特定的处理。

-print：find 命令将匹配的文件输出到标准输出。

-exec：find 命令对匹配的文件执行该参数所给出的 shell 命令，相应命令的形式为 'command' { } \;，注意{ }和"\;"之间的空格。

-ok：和-exec 的作用相同，只不过以一种更为安全的模式来执行该参数所给出的 shell 命令，在执行每一个命令之前，都会给出提示，让用户确定是否执行。

-print：将查找到的文件输出到标准输出。

-exec　command　{} \;：将查到的文件执行 command 操作，{} 和"\;"之间有空格。

-ok 和-exec 相同，只不过在操作前要询用户。

查找文件视频

示例 15：搜索文件名为 d 开头的文件。

```
[root@localhost ~]# find -name 'd*'
./.gconf/desktop
```

示例 16：搜索/etc 目录中文件名为 dhcp 开头的文件。

```
[root@localhost ~]# find /etc -name 'dhcp*'
/etc/dhcp6c.conf
```

示例 17：搜索/var 目录中 bind 开头的文件，并显示文件的详细信息。

```
[root@localhost ~]# find /var -name 'bind*' -ls
1194157    16 -rw-r--r--    1 root      root       10020 12 月    8  2010
```

```
/var/www/manual/bind.html
    1193970        8 drwxr-xr-x    2 root       root        4096    4月  15    2009
/var/yp/binding
```

示例18：搜索当前目录中，所有过去10min中更新过的普通文件。

```
[root@localhost ~]# touch test
[root@localhost ~]# find -type f -mmin -10
./test
```

示例19：搜索权限为755的文件。

```
[root@localhost ~]# find . -perm 755
./Desktop
./.gstreamer-0.10
./.redhat
./.redhat/esc
./.gnome2/share
./.gnome2/share/fonts
./.gnome2/share/cursor-fonts
./.gnome
./.gnome/gnome-vfs
./.nautilus
```

② locate命令：本质上就是find –name，但其速度比find命令快，原因在于它不搜索具体目录，而是搜索一个数据库（/var/lib/locatedb），这个数据库中含有本地所有文件信息。Linux系统自动创建这个数据库，并且每天自动更新一次，所以使用locate命令查不到最新变动过的文件。为了避免这种情况，可以在使用locate之前，先使用updatedb命令，手动更新数据库。

```
[root@localhost ~]# updatedb
[root@localhost ~]# locate /etc/qt
[root@localhost ~]# locate /etc/ns
/etc/nscd.conf
/etc/nsswitch.conf
```

③ whereis命令：只用于程序名的查找，搜索二进制文件、man说明文件和源代码文件。没有参数的情况下显示所有结果。

```
[root@localhost ~]# whereis rpm
rpm: /bin/rpm /etc/rpm /usr/lib/rpm /usr/include/rpm /usr/share/man/man8/rpm.8.gz
```

④ which命令：其作用是在PATH变量指定的路径中，搜索某个系统命令的位置，并且返回第一个搜索结果。也就是说，使用which命令，就可以看到某个系统命令是否存在，以及执行的到底是哪一个位置的命令。

```
[root@localhost ~]# which rpm
/bin/rpm
```

⑤ grep 命令：用于文本搜索，通过使用正则表达式搜索文本，并将结果输出。

命令格式：grep　[选项]

-c：只输出匹配行的计数；

-i：不区分大小写；

-h：查询多文件时不显示文件名；

-l：查询多文件时只输出包含匹配字符的文件名；

-n：显示匹配行及行号；

-s：不显示不存在或无匹配文本的错误信息；

-v：显示不包含匹配文本的所有行。

示例 20：显示/etc 目录下所有 conf 文件中含有 ftp 字符的行。

```
[root@localhost ~]# grep  ftp /etc/*.conf
/etc/dnsmasq.conf:#  http://www.samba.org/samba/ftp/docs/textdocs/DHCP-Server-Configuration.txt
/etc/dnsmasq.conf:# mtftp address to 0.0.0.0 for PXEClients.
/etc/dnsmasq.conf:#dhcp-option-force=210,/tftpboot/pxelinux/files/
/etc/dnsmasq.conf:#enable-tftp
/etc/dnsmasq.conf:#tftp-root=/var/ftpd
/etc/dnsmasq.conf:#tftp-secure
```

示例 21：显示/usr/src 目录下的文件（包含子目录）包含 ftp 的行。

```
[root@localhost ~]# grep -r ftp /usr/src
/usr/src/kernels/2.6.18-238.el5-x86_64/net/ipv4/ipvs/Kconfig: clients in ftp connections directly, so FTP protocol helper is
/usr/src/kernels/2.6.18-238.el5-x86_64/net/ipv4/ipvs/Makefile:obj-$(CONFIG_IP_VS_FTP) += ip_vs_ftp.o
/usr/src/kernels/2.6.18-238.el5-x86_64/net/ipv4/netfilter/Kconfig:  If you are using a tftp client behind -j SNAT or -j MASQUERADING
/usr/src/kernels/2.6.18-238.el5-x86_64/net/ipv4/netfilter/Makefile:obj-$(CONFIG_IP_NF_TFTP) += ip_conntrack_tftp.o
/usr/src/kernels/2.6.18-238.el5-x86_64/net/ipv4/netfilter/Makefile:obj-$(CONFIG_IP_NF_FTP) += ip_conntrack_ftp.o
/usr/src/kernels/2.6.18-238.el5-x86_64/net/ipv4/netfilter/Makefile:obj-$(CONFIG_IP_NF_NAT_TFTP) += ip_nat_tftp.o
...
```

（5）重定向

Linux 有标准输入和输出，Linux 在执行命令的时候，一般从标准输入设备（默认是键盘）输入，Shell 在执行命令后会将结果输出至标准输出（默认是屏幕），另外 Linux 还有一个标准错误输出。在实际应用中输入和输出过程都可以通过重定向和管道改变数据的流向。通过这种方式可以达到批量数据输入、记录命令执行结果等目标。

重定向通过重定向符号实现对标准输入和输出的控制。标准输入的控制格式：命令< 文件，此时将文件作为命令的输入。标准输出的控制格式："命令> 文件"，此时将命令的执行结果送至指定的文件中。

常用重定向符号：
>：输出重定向到一个文件或设备覆盖原来的文件；
>!：输出重定向到一个文件或设备强制覆盖原来的文件；
>>：输出重定向到一个文件或设备追加原来的文件；
<：输入重定向到一个程序。

重定向与管道操作视频

示例 22：用 ls 命令列出当前目录下文件的详细信息并将其写入 list.txt 文件中，用查看文件命令 cat 显示文件内容。

```
[root@localhost ~]# ls -l>list.txt
[root@localhost ~]# cat list.txt
总计 76
-rw------- 1 root root  1452 10-13 10:40 anaconda-ks.cfg
drwxr-xr-x 2 root root  4096 10-13 10:52 Desktop
-rw-r--r-- 1 root root 48549 10-13 10:40 install.log
-rw-r--r-- 1 root root  4801 10-13 10:40 install.log.syslog
-rw-r--r-- 1 root root     0 10-16 11:58 list.txt
-rw-r--r-- 1 root root     0 10-13 11:19 test
```

示例 23：用 grep 结合重定向方式查找刚生成的 list.txt 文件中 install 出现的地方。

```
[root@localhost ~]# grep install <list.txt
-rw-r--r-- 1 root root 48549 10-13 10:40 install.log
-rw-r--r-- 1 root root  4801 10-13 10:40 install.log.syslog
```

以下是几种不常见的用法：
n<&-：表示将 n 号输入关闭；
<&-：表示关闭标准输入（键盘）；
n>&-：表示将 n 号输出关闭；
>&-：表示将标准输出关闭。

（6）管道

管道用于在命令之间进行单向数据传输，即将前面命令输出的正确结果作为后一命令的标准输入，管道操作的符号是"|"。管道命令正确使用有两个条件：管道命令只处理前一个命令的正确输出，不处理错误输出；管道命令右边的命令，必须能够接收标准输入流命令。

```
[root@localhost ~]# cat list.txt |grep install
-rw-r--r-- 1 root root 48549 10-13 10:40 install.log
-rw-r--r-- 1 root root  4801 10-13 10:40 install.log.syslog
```

2. Linux 目录操作

（1）显示当前目录

pwd 命令为显示当前工作目录。在 Linux 命令行环境下，没有图形界面的文件夹图形形式，初学者在学习的开始，往往会不知自己在何处，而 Linux 在执行命令时又默认在当前目录，因此可以用 pwd 命令明确自己此时在何处。

示例 24：显示当前工作目录。

```
[root@localhost ~]# pwd
/root
```

显示和改变当前目录视频

（2）改变当前目录

cd 用于改变当前目录，是 Linux 最常用的命令之一。在使用该命令时，可以采用绝对路径，也可以采用相对路径切换当前目录。cd 命令相当于图形界面中打开文件夹并进入该文件夹。

示例 25：切换至系统根目录"/"中。

```
[root@localhost ~]# cd /
[root@localhost /]#
```

注意：该命令在使用时，cd 与"/"之间有一个空格。

示例 26：切换至用户的工作目录。

```
[root@localhost /]# cd ~
[root@localhost ~]#
```

cd 后面不跟任何参数也可以直接切换用户自己的工作目录。

示例 27：采用绝对路径进入"/usr"目录。

```
[root@localhost ~]# cd /usr
[root@localhost usr]#
```

示例 28：采用相对路径进入 bin 目录。

```
[root@localhost ~]# cd bin
[root@localhost bin]#
```

以上示例采用相对路径方式时，Desktop 是在当前目录下的子目录，如果想进入当前目录同级的目录，需要借助".."，".."表示上一级目录。

示例 29：进入同级目录。

```
[root@localhost bin]# cd ../sbin
[root@localhost sbin]#
```

（3）创建目录

mkdir 命令用于创建一个新的目录。创建目录时可以采用绝对路径，也可以采用相对路径。mkdir 命令格式及用法：

mkdir [选项] 目录名称

常用选项：

-p：创建新目录时，在其父目录不存在的情况下首先创建父目录；

-m：创建新目录的同时指定此目录的权限。

创建和删除目录

示例 30：在当前目录下创建一个子目录 temp。

```
[root@localhost ~]# mkdir temp
[root@localhost ~]# ls
2.txt  anaconda-ks.cfg  Desktop  install.info  install.log  temp
```

示例 31：在刚才创建的目录 temp 下再创建一个 t01 的目录（采用相对路径方式创建目录）。

```
[root@localhost ~]# mkdir temp/t01
[root@localhost ~]# ls temp
t01
```

示例 32：在当前目录下创建一个 temp01 的目录同时在其下创建一个 t02 的子目录。

```
[root@localhost ~]# mkdir -p temp01/t02
[root@localhost ~]# ls
2.txt  anaconda-ks.cfg  Desktop  install.info  install.log  temp  temp01
[root@localhost ~]# ls temp01
t02
```

示例 33：采用绝对路径的方式在/tmp 目录下创建一个名为 t03 的目录。

```
[root@localhost ~]# mkdir /tmp/t03
```

（4）删除目录

rmdir 命令用于删除指定目录。

命令格式：rmdir [选项] 目录名称

常用选项：

-p：删除指定路径上的所有目录。

示例 34：删除目录。

```
[root@localhost ~]# rmdir temp/t01
[root@localhost ~]# rmdir temp
```

此命令只能删除空目录，当要删除目录内有文件和子目录时不能进行删除操作。

```
[root@localhost ~]# rmdir temp01
rmdir: temp01: 目录非空
```

如果需要删除含有文件或子目录的目录时可以使用 rm 命令删除，此时需要使用-r 参数。在删除过程中会提示是否进入目录和删除文件或目录，输入 y 表示确定。

示例 35：删除上面创建的 temp01 目录（其中有 t02 子目录）。

```
[root@localhost ~]# rm -r temp01
rm: 是否进入目录 "temp01"？ y
rm: 是否删除 目录 "temp01/t02"？ y
rm: 是否删除 目录 "temp01"？ y
```

3. 文件和目录的权限

Linux 高安全性的一个主要因素来源于其文件和目录的权限管理，文件的访问权限分为可读、可写、可执行 3 种，同时结合多用户环境下文件的拥有者、文件所属组，以及其他用户组成较为复杂的访问权限。

（1）访问权限

任何用户对文件的访问操作可分为可读、可写、可执行 3 种权限，分别用 r、w、x 表示。

针对不同的用户 Linux 也将访问权限进行了定义：

文件与目录权限的显示与修改视频

① 文件拥有者（Owner）：建立文件或目录的用户。
② 同组用户（Group）：文件拥有者所属组中的其余用户。
③ 其他用户（Other）：既不是文件拥有者，也不是拥有者所属组的其他所有用户。

在 Linux 中文件的操作权限通过一些字母和符号进行表述，通过 ls –l 命令可以列出文件或目录的详细权限信息。

示例 36：显示当前目录详细信息。

```
[root@localhost ~]# ls -l
总计 72
-rw-------  1 root root  1480 2015-02-10 anaconda-ks.cfg
drwxr-xr-x  2 root root  4096 10-06 18:19 Desktop
-rw-rw-rwx+ 1 root root 36041 2015-02-10 install.log
-rw-r--r--  1 root root     0 2015-02-10 install.log.syslog
drwxr-xr-x  6 root root  4096 2015-02-10 temp
```

以上是左边 10 位连续字符表示文件或目录的权限组合，第一位如果为"d"则表示目录，如果为"–"表示文件，为"l"表示链接。从第二位开始分三组，每组三位分别表示文件所有者、同组用户和其他用户对该文件所拥有的权限，每一组的三位字符可能是以下 4 种：

–：表示没有任何权限；
r：表示可以浏览和复制文件，浏览目录；
w：表示可以修改文件，在目录中创建文件，删除和重命名文件；
x：表示文件可以执行，可以用 cd 命令进入该目录，并访问该目录中的文件。

（2）访问权限的表示方法

① 字符表示法：这种表示方法用字母和符号表示与文件权限有关的 3 类不同用户及其对文件的访问权限，其一般形式为：

```
[ugoa] [= + -] [rwx]
```

其中，字母和符号的含义如下：
u：文件拥有者；
g：同组用户；
o：其他用户；
a：所有用户；
=：指定权限；
+：在目前设置的权限基础上增加权限；
–：在目前设置的权限上减少权限；
r：可读权限；
w：可写权限；
x：可执行权限。
不同用户的权限之间用逗号分隔。

② 数字表示法：用一个 3 位八进制数字分别表示三类用户的权限，每一位八进制数转换为三位二进制数，三位二进制数分别对应 rwx，为 1 的位表示具有对应的权限，为 0 的位表示没有权限。如果一个文件的权限为"rwxrw-rw-"，则对应的二进制数权限表示为：（111

(110)(110),所对应的八进制数就分别是 7、6、6,因此该文件的权限用数字表示就是 766。

(3)修改权限

在 Linux 中创建文件或目录时,系统会根据默认参数自动设置其访问权限。在实际管理工作中,通常需要使用 chmod 命令来重新设置或修改文件或目录的权限。需要说明的是,只有文件或目录的拥有者或 root 用户才有此权限。

chmod 命令格式如下:

```
chmod [-R] 模式 文件或目录
```

用于修改文件或目录的访问权限,模式为文件或目录的权限表示,可以用数字方式,也可以用字符方式,选项-R 表示递归设置指定目录下的所有文件和目录的权限。

示例 37:为 test 文件所有者添加可执行权限。

```
[root@localhost ~]# ls -l test
-rw-rw-rw- 1 root root 5 10-19 20:04 test
[root@localhost ~]# chmod u+x test
[root@localhost ~]# ls -l test
-rwxrw-rw- 1 root root 5 10-19 20:04 test
```

示例 38:将 test 文件其他用户的写权限取消。

```
[root@localhost ~]# chmod o-w test
[root@localhost ~]# ls -l test
-rwxrw-r-- 1 root root 5 10-19 20:04 test
```

示例 39:用数字方式重新设定权限,文件所有者为读/写权限,同组用户和其他用户只有读权限。

```
[root@localhost ~]# chmod 644 test
[root@localhost ~]# ls -l test
-rw-r--r-- 1 root root 5 10-19 20:04 test
```

(4)修改拥有者

文件或目录的创建者,是该文件或目录的拥有者,拥有者和 root 用户可以根据需要将文件或目录的所有权转让给其他用户或者所属组群。

chown 命令用于改变文件或目录拥有者以及所属组群。

命令格式:chown 文件拥有者[:组] 文件或目录

通过使用 ls –l 显示文件详细信息时,在权限后面有文件所有者和所属组群。

示例 40:将 test 文件拥有者改为 student 用户。

```
[root@localhost ~]# ls -l test
-rw-r--r-- 1 root root 5 10-19 20:04 test
[root@localhost ~]# chown student test
[root@localhost ~]# ls -l test
-rw-r--r-- 1 student root 5 10-19 20:04 test
```

4. 查看文件内容

查看文件内容常用命令较多,不同命令使用时侧重点不同。相关命令有 cat、more、less、

head 和 tail 等。

（1）cat 命令

cat 是一个文本文件（查看）和（连接）工具，可以显示文本或将若干文本文件连接起来，可与 more 搭配使用。cat 也用于创建文件，创建文件后以 EOF、STOP 或按【Ctrl+d】键结束。

命令格式：cat [选项] [文件]...

常用选项：

-A, --show-all：显示全部内容；

-b, --number-nonblank：对非空输出行编号；

-E, --show-ends：在每行结束处显示$；

-n, --number：对输出的所有行编号；

-s, --squeeze-blank：不输出多行空行；

-T, --show-tabs：将跳格字符显示为 ^I；

-v, --show-nonprinting：使用 ^ 和 M- 引用，除了 LFD 和 TAB 之外。

示例 41：显示/etc/passwd 文件。

查看文件内容视频

```
[root@localhost ~]# cat /etc/passwd
root:x:0:0:root:/root:/bin/bash
bin:x:1:1:bin:/bin:/sbin/nologin
daemon:x:2:2:daemon:/sbin:/sbin/nologin
adm:x:3:4:adm:/var/adm:/sbin/nologin
...
```

示例 42：显示/etc/passwd 文件内容，并且对非空白行进行编号，行号从 1 开始。

```
[root@localhost ~]# cat -b /etc/passwd
     1  root:x:0:0:root:/root:/bin/bash
     2  bin:x:1:1:bin:/bin:/sbin/nologin
     3  daemon:x:2:2:daemon:/sbin:/sbin/nologin
     4  adm:x:3:4:adm:/var/adm:/sbin/nologin
     5  lp:x:4:7:lp:/var/spool/lpd:/sbin/nologin
...
```

示例 43：显示/etc/profile 文件内容，并在每行的结尾处附加$符号。

```
[root@localhost ~]# cat -E /etc/profile
# /etc/profile$
$
# System wide environment and startup programs, for login setup$
# Functions and aliases go in /etc/bashrc$
$
pathmunge () {$
        if ! echo $PATH | /bin/egrep -q "(^|:)$1($|:)" ; then$
           if [ "$2" = "after" ] ; then$
```

```
            PATH=$PATH:$1$
        else$
...
```

示例 44：同时显示多个文件的内容。

```
[root@localhost ~]# cat /etc/fstab /etc/profile
```

示例 45：分屏显示文件内容。

```
[root@localhost ~]# cat /etc/passwd | more
root:x:0:0:root:/root:/bin/bash
bin:x:1:1:bin:/bin:/sbin/nologin
daemon:x:2:2:daemon:/sbin:/sbin/nologin
adm:x:3:4:adm:/var/adm:/sbin/nologin
...
nscd:x:28:28:NSCD Daemon:/:/sbin/nologin
vcsa:x:69:69:virtual console memory owner:/dev:/sbin/nologin
rpc:x:32:32:Portmapper RPC user:/:/sbin/nologin
mailnull:x:47:47::/var/spool/mqueue:/sbin/nologin
smmsp:x:51:51::/var/spool/mqueue:/sbin/nologin
pcap:x:77:77::/var/arpwatch:/sbin/nologin
ntp:x:38:38::/etc/ntp:/sbin/nologin
--More--
```

示例 46：用 cat 命令创建文件。

```
[root@localhost ~]# cat>typetest
This is the test for cat!
[root@localhost ~]# cat typetest
This is the test for cat!
[root@localhost ~]# cat>cattest.txt<<EOF
> this is the test for cat!
> OK!
> EOF
```

示例 47：向文件中追加内容。

```
[root@localhost ~]# cat>>cattest.txt<<EOF
> appended OK!
> EOF
```

示例 48：连接多个文件。

```
[root@localhost ~]# cat typetest cattest.txt > newtype.txt
[root@localhost ~]# cat newtype.txt
This is the test for cat!
this is the test for cat!
OK!
```

appended OK!

（2）more 命令

more 命令也是将文件内容输出到指定设备上，与 cat 类似，但 more 命令能够根据窗口大小进行分页显示并提示文件显示进度百分比。

命令格式：more [参数选项] [文件]

主要参数：

+num：从第 num 行开始显示；

-num：定义屏幕大小，为 num 行；

+/pattern：从 pattern 前两行开始显示；

-c：从顶部清屏然后显示；

-d：提示 Press space to continue, 'q' to quit.（按空格键继续，按【q】键退出），禁用响铃功能；

-l：忽略 Ctrl+l（换页）字符；

-p：通过清除窗口而不是滚屏来对文件进行换页，与-c 参数有点相似；

-s：把连续的多个空行显示为一行；

-u：把文件内容中的下画线去掉。

示例 49：分屏显示/etc/passwd 文件内容。

```
[root@localhost ~]# more /etc/passwd
root:x:0:0:root:/root:/bin/bash
bin:x:1:1:bin:/bin:/sbin/nologin
daemon:x:2:2:daemon:/sbin:/sbin/nologin
adm:x:3:4:adm:/var/adm:/sbin/nologin
lp:x:4:7:lp:/var/spool/lpd:/sbin/nologin
sync:x:5:0:sync:/sbin:/bin/sync
shutdown:x:6:0:shutdown:/sbin:/sbin/shutdown
halt:x:7:0:halt:/sbin:/sbin/halt
mail:x:8:12:mail:/var/spool/mail:/sbin/nologin
news:x:9:13:news:/etc/news:
uucp:x:10:14:uucp:/var/spool/uucp:/sbin/nologin
operator:x:11:0:operator:/root:/sbin/nologin
games:x:12:100:games:/usr/games:/sbin/nologin
gopher:x:13:30:gopher:/var/gopher:/sbin/nologin
ftp:x:14:50:FTP User:/var/ftp:/sbin/nologin
nobody:x:99:99:Nobody:/:/sbin/nologin
nscd:x:28:28:NSCD Daemon:/:/sbin/nologin
distcache:x:94:94:Distcache:/:/sbin/nologin
vcsa:x:69:69:virtual console memory owner:/dev:/sbin/nologin
ntp:x:38:38::/etc/ntp:/sbin/nologin
pcap:x:77:77::/var/arpwatch:/sbin/nologin
```

```
dbus:x:81:81:System message bus:/:/sbin/nologin
apache:x:48:48:Apache:/var/www:/sbin/nologin
--More--(50%)
```

示例 50：从 passwd 的第 5 行开始显示。

```
[root@localhost ~]# more +5 /etc/passwd
```

示例 51：每屏显示 5 行。

```
[root@localhost ~]# more -5 /etc/ passwd
```

示例 52：从 passwd 中的第一个 daemon 单词的前两行开始显示。

```
[root localhost ~]# more +/ daemon /etc/passwd
```

在用 more 命令查看内容较大文件时，需要使用一些组合键进行操作。

Enter：向下 n 行，需要定义，默认为 1 行；

Ctrl+f：向下滚动一屏；

空格键：向下滚动一屏；

Ctrl+b：返回上一屏；

=：输出当前行的行号；

:f：输出文件名和当前行的行号；

V：调用 vi 编辑器；

! 命令：调用 Shell，并执行命令；

Q：退出 more 命令。

(3) less 命令

less 命令是与 more 命令类似但比 more 命令更强大的工具。

命令格式：less [参数] 文件

常用参数：

-c：从顶部（从上到下）刷新屏幕，并显示文件内容，而不是通过底部滚动完成刷新；

-f：强制打开文件，二进制文件显示时，不提示警告；

-i：搜索时忽略大小写，除非搜索串中包含大写字母；

-I：搜索时忽略大小写，除非搜索串中包含小写字母；

-m：显示读取文件的百分比；

-M：显法读取文件的百分比、行号及总行数；

-N：在每行前输出行号；

-p pattern：搜索 pattern；比如在/etc/profile 搜索单词 MAIL，就用 less -p MAIL /etc/profile；

-s：把连续多个空白行作为一个空白行显示；

-Q：在终端下不响铃。

示例 53：显示/etc/profile 的内容时让其显示行号。

```
[root@localhost ~]# less -N   /etc/profile
```

同样，less 命令在显示文件内容时也可以通过以下快捷键操作：

Enter：向下移动一行；

y：向上移动一行；

空格键：向下滚动一屏；

b：向上滚动一屏；

d：向下滚动半屏；

u：向上滚动半屏；

w：可以指定从哪行开始显示，是从指定数字的下一行显示；

g：跳到第一行；

G：跳到最后一行；

p n%：跳到 n%处开始显示；

/pattern：搜索 pattern；

v：调用 vi 编辑器；

q：退出 less；

!command：调用 SHELL，可以运行命令，如!ls 显示当前列当前目录下的所有文件。

（4）head 命令

head 是显示一个文件内容的前若干行，用法简单，显示速度快。

命令格式：head -n 行数值 文件名

示例 54：显示/etc/profile 的前 5 行内容。

```
[root@localhost ~]# head -n 5 /etc/profile
```

（5）tail 命令

tail 是显示一个文件内容的最后若干行。

命令格式：tail -n 行数值 文件名

示例 55：显示/etc/profile 的后 5 行内容。

```
[root@localhost ~]# tail -n 5 /etc/profile
```

tail 命令常用于监控日志文件，在文件内容增加后，且自动显示新增的文件内容，可以在屏幕上显示新增的日志信息。

示例 56：监控/var/log/syslog 日志文件。

```
[root@localhost ~]# tail -f /var/log/syslog
```

2.2 项 目 实 施

Linux 系统通过图形界面对文件和目录进行操作和管理，但 Linux 做服务器应用时，更多情况下还是以使用命令行方式管理为主，因此本项目采用两种方式实现对文件和目录的管理。

项目具体要求如下：

① 在 "/home" 目录下创建学生目录，目录（文件夹）名为 student 加学号后四位，如 student0001。其余目录（文件夹）及文件都在该目录下进行操作，初次创建完成后的目录与文件结构如图 2.5 所示。

② 根据要求对文件、目录进行复制、移动、删除或重命名等操作，得到如图 2.6 所示的目录与文件结构。

项目 2 文件和目录管理

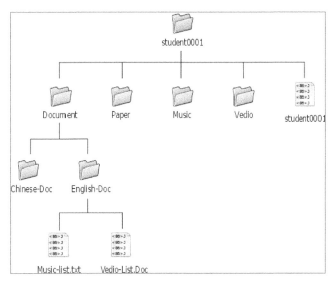

图 2.5 初始目录与文件结构

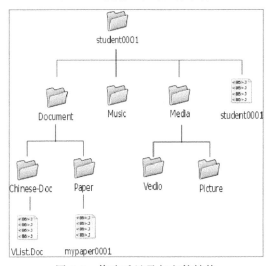

图 2.6 修改后目录与文件结构

2.2.1 文件和目录操作

1. 图形界面实现文件和目录的操作

图形界面操作过程与 Windows 操作相似,以下只演示基本操作。在打开的文件夹空白处右击弹出快捷菜单,如图 2.7 所示。在快捷菜单中选择"创建文件夹"命令创建新文件夹,如图 2.8 所示。

打开该文件夹,在空白处右击,在弹出的快捷菜单中选择"创建文档-空文件"命令创建新文件,如图 2.9 所示。

图形界面操作文件和目录案例视频

图 2.7　打开快捷菜单

图 2.8　创建文件夹

图 2.9　创建新文件

2. 命令行方式实现文件和目录的管理

打开虚拟终端，以下操作都在虚拟终端进行操作。

① 创建 student0001 目录，查看当前目录（pwd），如果当前没有在"/home"目录下，使用如下命令进入该目录。

```
cd /home
[root@localhost ~]# pwd
```

命令方式操作文件和目录案例视频

```
/root
[root@localhost ~]# cd /home
[root@localhost home]# pwd
/home
[root@localhost home]# mkdir student0001
```

② 切换至 student0001 目录，创建 Paper Music Vedio 目录。

```
[root@localhost home]# cd student0001
[root@localhost student0001]# mkdir Paper Music Video
```

③ 创建 Chinese-Doc 目录的同时创建其上一级目录 Document，然后在 Document 目录中再创建 English-Doc 目录。

```
[root@localhost student0001]# mkdir -p Document/Chinese-Doc
[root@localhost student0001]# mkdir Document/English-Doc
```

④ 使用 touch 命令在当前目录下创建 student0001，在 Document/English-Doc/目录下下创建 Music-list.txt 和 Vedio-list.txt 文件。

```
[root@localhost student0001]# touch student0001
[root@localhost student0001]# touch Document/English-Doc/Music-list.txt
[root@localhost student0001]# touch Document/English-Doc/Vedio-list.txt
```

⑤ 用 tree 命令查看当前目录下的目录结构。

```
[root@localhost student0001]# tree
.
|-- Document
|   |-- Chinese-Doc
|   `-- English-Doc
|       |-- Music-list.txt
|       `-- Vedio-list.txt
|-- Music
|-- Paper
|-- Vedio
`-- student0001
```

⑥ 按照要求创建完成目录结构后，再根据要求修改目录结构。

在当前目录中创建 Media 目录，将 Vedio 目录转移到 Media 目录中，并在 Media 目录中创建 Picture 目录。

```
[root@localhost student0001]# mkdir Media
[root@localhost student0001]# mv Vedio Media/
[root@localhost student0001]# mkdir Media/Picture
```

⑦ 将 Paper 目录移至 Document 目录，将 Document/English-Doc/Vedio-list.txt 移动至 Document/Chinese-Doc/目录并重命名为 VList.Doc，将 Document/English-Doc/Music-list.txt 文件复制至 Document/Paper/目录中，并将其重命名为 mypaper0001。

```
[root@localhost student0001]# mv Paper Document
```

```
[root@localhost    student0001]#  mv Document/English-Doc/Vedio-list.txt
Document/Chinese-Doc/VList.Doc
    [root@localhost    student0001]#  cp Document/English-Doc/Music-list.txt
Document/Paper/mypaper0001
```

⑧ 删除 English-Doc 目录以及该目录中的文件。

```
[root@localhost student0001]# rm -r Document/English-Doc/
rm: 是否进入目录 "Document/English-Doc/"？ y
rm: 是否删除 一般空文件 "Document/English-Doc//Music-list.txt"？ y
rm: 是否删除 目录 "Document/English-Doc/"？ y
```

⑨ 显示当前目录下目录结构。

```
[root@localhost student0001]# tree
.
|-- Document
|   |-- Chinese-Doc
|   |   `-- VList.Doc
|   `-- Paper
|       `-- mypaper0001
|-- Media
|   |-- Picture
|   `-- Vedio
|-- Music
`-- student0001

7 directories, 3 files
```

2.2.2 文件权限

根据以下要求完成文件与目录权限的修改。

① 将目录 Media 的操作权限改为：群组内用户可以读/写访问操作，其他用户只读。

② 将 student0001 文件的权限改为所有用户都有读/写权限。

③ 将 mypaper0001 文件修改为文件拥有者有可执行权限，群内用户只有读的权限，其他用户没有任何权限。

④ 将 VList.Doc 文件的所有者更改为 student。

1. 图形界面实现文件和目录的操作

右击 student001 文件，在弹出的菜单中选择"属性"命令，如图 2.10 所示。在打开的属性对话框中设置文件属性，如图 2.11 所示。

图形界面操作文件和
目录权限案例视频

图 2.10 选择"属性"命令

图 2.11 设置属性

2. 命令行方式实现文件和目录的管理

① 将目录 Media 的操作权限改为：群组内用户可以读/写访问操作，其他用户只读。列出 Media 目录当前权限信息：

```
[root@localhost student0001]# ll
```

```
总计 12
drwxr-xr-x 4 root root 4096 10-22 09:32 Document
drwxr-xr-x 4 root root 4096 10-20 10:28 Media
drwxr-xr-x 2 root root 4096 10-20 09:57 Music
-rwxrwx--x 1 root root    0 10-20 10:07 student0001
```

② 采用字符方式为群组用户添加 w 权限，将其他用户的 x 属性去除。

```
[root@localhost student0001]# chmod g+w,o-x Media/
[root@localhost student0001]# ll
总计 12
drwxr-xr-x 4 root root 4096 10-22 09:32 Document
drwxrwxr-- 4 root root 4096 10-20 10:28 Media
```

③ 将 student0001 文件的权限改为所有用户都有读/写权限。

```
[root@localhost student0001]# chmod a+rw student0001
[root@localhost student0001]# ll student0001
-rwxrwxrwx 1 root root 0 10-20 10:07 student0001
```

④ 将 mypaper0001 文件修改为文件拥有者有可执行权限，群内用户有读和修改的权限，其他用户没有任何权限。

当前该文件的权限信息如下：

```
[root@localhost student0001]# ll Document/Paper/mypaper0001
-rw-r--r-- 1 root root 5 10-20 10:11 Document/Paper/mypaper0001
```

⑤ 采用数字方式修改文件权限，文件所有者有读、写和可执行的权限，表示为数字 7，读和写的权限为 6，没有任何权限为 0。

```
[root@localhost student0001]# chmod 760 Document/Paper/mypaper0001
[root@localhost student0001]# ll Document/Paper/mypaper0001
-rwxrw---- 1 root root 5 10-20 10:11 Document/Paper/mypaper0001
```

⑥ 将 VList.Doc 文件的所有者更改为 student。

```
[root@localhost student0001]# ll Document/Chinese-Doc/VList.Doc
-rw-r--r-- 1 root root 0 10-20 10:14 Document/Chinese-Doc/VList.Doc
[root@localhost student0001]# chown student Document/Chinese-Doc/VList.Doc
[root@localhost student0001]# ll Document/Chinese-Doc/VList.Doc
-rw-r--r-- 1 student root 0 10-20 10:14 Document/Chinese-Doc/VList.Doc
```

2.3 技 术 拓 展

2.3.1 文档的归档与压缩

在文件管理过程中，需要对文件进行备份管理，备份常用的操作有归档和压缩。归档不调用压缩命令时仅仅是将文件进行打包备份，压缩不仅可以将文件进行打包，还可以将其压缩至比原文件小的尺寸。

1. 打包归档命令

Linux 下最常用的打包命令为 tar，经过 tar 打包文件或目录后，归档文件扩展名为 tar。

命令格式：tar　[选项] [包名] [文件或目录列表]

常用选项：

-c：创建.tar 格式的包文件；

-x：解包.tar 格式的包文件；

-v：输出详细信息；

-f：表示使用归档文件；

-p：打包时保留原始文件及目录的权限；

-t：列表查看包内的文件；

-C：解包时指定释放的目标文件夹；

-z：调用 gzip 程序进行压缩或解压；

-j：调用 bzip2 程序进行压缩或解压。

示例 57：打包 Desktop 目录下的文件到 Desktop.bak.tar 包中。

```
[root@localhost ~]# tar -cvf Desktop.bak.tar Desktop/
Desktop/
Desktop/install.log
```

示例 58：用 tar 解开打包文件 Desktop.bak.tar 到/tmp 目录。

```
[root@localhost ~]# tar -xvf Desktop.bak.tar -C /tmp
Desktop/
Desktop/install.log
```

示例 59：打包/etc/目录下所有的.conf 文件，并将其进行压缩。

```
[root@localhost ~]# tar -czvf etc.conf.tar.gz /etc/*.conf
tar: 从成员名中删除开头的 "/"
/etc/autofs_ldap_auth.conf
/etc/capi.conf
/etc/cdrecord.conf
/etc/conman.conf
……
```

示例 60：查看归档文件中 etc.conf.tar.gz 的文件列表。

```
[root@localhost ~]# tar -tvf etc.conf.tar.gz
-rw-------  root/root     2726 2010-03-16 22:17:10 etc/autofs_ldap_auth.conf
-rw-r--r--  root/root      351 2009-06-09 05:40:22 etc/capi.conf
-rw-r--r--  root/root      977 2008-10-03 18:42:17 etc/cdrecord.conf
-rw-r--r--  root/root     6308 2007-06-28 23:51:53 etc/conman.conf
……
```

文件的归档与压缩视频

示例 61：解压压缩包 etc.conf.tar.gz 到/tmp 目录中。

```
[root@localhost ~]# tar -xzvf etc.conf.tar.gz -C /tmp
etc/autofs_ldap_auth.conf
etc/capi.conf
etc/cdrecord.conf
...
```

2. 压缩命令

Linux 系统中常用的压缩软件有 gzip、bzip2、xz 和 zip 等。

gzip 命令生成 .gz 压缩文件，格式如下：

gzip [选项] 文件名

常用选项：

-c：把解压后的文件输出到标准输出设备；

-d：执行解压缩；

-f：强行解开压缩文件，不理会文件名称或硬连接是否存在，以及该文件是否为符号连接；

-l：列出压缩文件的相关信息；

-r：递归处理，将指定目录下的所有文件及子目录一并处理；

-v：显示指令执行过程。

示例 62：压缩和解压文件。

```
[root@localhost ~]# gzip anaconda-ks.cfg
[root@localhost ~]# gzip -d anaconda-ks.cfg.gz
```

bzip2 命令生成.bz2 压缩文件，比 gzip 有着更大压缩比，格式如下：

bzip2 [选项] 文件名

主要选项：

-c：将压缩与解压缩的结果送到标准输出；

-d：执行解压缩；

-f：bzip2 在压缩或解压缩时，若输出文件与现有文件同名，预设不会覆盖现有文件。若要覆盖，请使用此参数；

-k：bzip2 在压缩或解压缩后，会删除原始文件。若要保留原始文件，请使用此参数；

-t 或——test：测试.bz2 压缩文件的完整性；

-v 或——verbose：压缩或解压缩文件时，显示详细的信息；

-z 或——compress：强制执行压缩。

示例 63：压缩和解压文件。

```
[root@localhost ~]# bzip2 anaconda-ks.cfg
[root@localhost ~]# bzip2 -d anaconda-ks.cfg.bz2
```

vi 编辑器使用视频

2.3.2 vi 编辑器的使用

Linux 系统下最常使用的文本编辑器 vi 几乎是所有 Linux 版本中默认的编辑器。vi 编辑器是文本模式，能够提供功能强大的编辑功能。

进入 vi 编辑器可以直接在命令行下输入 vi，也可以在 vi 后加文件名。

```
[root@localhost ~]# vi test
```

vi 编辑器有 3 种工作模式：命令模式——vi 的默认模式，等待用户输入命令；编辑模式——又称文本输入模式，该状态可以编辑文本；末行模式——光标处于文本最末行左侧的"："后。在使用 vi 编辑器的过程中需要在 3 种模式中进行切换，各模式之间的切换的方法如图 2.12 所示。

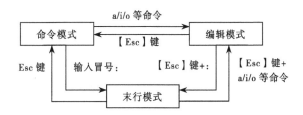

图 2.12　vi 编辑器工作模式之间的切换

进入 vi 编辑器后，默认是命令模式，命令模式可以通过 a/i/o 等命令进入编辑模式，在命令模式输入"："可以进入末行模式；无论在编辑模式还是末行模式，都可以通过【Esc】键进入命令模式。

在提示符后输入 vi test 命令，进入命令模式界面，如图 2.13 所示。图的左下角为文件名（test）和文件的行数与列数（1L，5C）。

```
[root@localhost ~]# vi test
```

图 2.13　vi 编辑器命令模式界面

命令模式常用命令如表 2.2 所示。

表 2.2 命令模式常用命令

命令类型	命令	描述
进入编辑模式	i	在当前光标位置之前插入文本
	I	在当前行的开头插入文本
	a	在当前光标位置之后插入文本
	A	在当前行的末尾插入文本
进入编辑模式	o	在当前位置下面创建一行
	O	在当前位置上面创建一行
删除命令	x	删除当前光标下的字符
	X	删除光标前面的字符
	dw	删除从当前光标到单词结尾的字符
	d^	删除从当前光标到行首的字符
	d$	删除从当前光标到行尾的字符
	D	删除从当前光标到行尾的字符
	dd	删除当前光标所在的行
	cc	删除当前行，并进入编辑模式
	cw	删除当前字（单词），并进入编辑模式
替换操作	r	替换当前光标下的字符
	R	从当前光标开始替换字符，按【Esc】键退出
	s	用输入的字符替换当前字符，并进入编辑模式
	S	用输入的文本替换当前行，并进入编辑模式
复制与粘贴	yy	复制当前行
	nyy	复制 n 行
	yw	复制一个字（单词）
	nyw	复制 n 行
	p	将复制的文本粘贴到光标后面
	P	将复制的文本粘贴到光标前面
撤销操作	U	撤销对当前行所做的修改
	u	撤销上次操作，再次按 'u' 恢复该次操作

末行模式下常用命令如表 2.3 所示。

表 2.3 末行模式下常用命令

命令类型	命令	描述
文件操作	:f	以百分号（%）的形式显示当前光标在文件中的位置、文件名和文件的总行数
	:f filename	将文件重命名为 filename
	:w filename	保存修改到 filename
	:e filename	打开另一个文件名为 filename 的文件
	:cd dirname	改变当前工作目录到 dirname

项目 2 文件和目录管理

续表

命令类型	命 令	描 述
	:e #	在两个打开的文件之间进行切换
	:n	如果用 vi 打开了多个文件,可以使用:n 切换到下一个文件
	:p	如果用 vi 打开了多个文件,可以使用:n 切换到上一个文件
	:N	如果用 vi 打开了多个文件,可以使用:n 切换到上一个文件
	:r file	读取文件并在当前行的后边插入
	:nr file	读取文件并在第 n 行后边插入
搜索	/字符	当前光标处向下搜索
	?	当前光标处向上搜索
存盘退出操作	:q	如果文件未被修改,会直接退回到 Shell;否则提示保存文件
	:q!	强行退出,不保存修改内容
	:wq	w 命令保存文件,q 命令退出 vi,合起来就是保存并退出
	:ZZ	保存并退出,相当于 wq,但是更加方便

2.3.3 Linux 软件的安装

Linux 系统软件安装方式与 Windows 有所不同,由于 Linux 有多种发行版本,因此其软件包的安装也不尽相同,目前常见的软件包管理有 RPM、DPKG、yum 等,软件包管理工具的作用是提供在操作系统中安装、升级、卸载需要的软件的方法,并提供对系统中所有软件状态信息的查询。除了这些常见的软件包管理工具之外,在 Linux 系统下还有一种较为通用但操作比较复杂的软件安装方式,即采用软件源代码安装软件。

1. RPM 包管理

RPM 全称为 Red hat Package Manager,由 RedHat 公司开发和实现,之后被很多 Linux 系统作为默认的包管理器。

命令格式:rpm [选项] package.rpm

常用参数:

Linux 软件包安装视频

-q:在系统中查询软件或查询指定 rpm 包的内容信息;

-i:在系统中安装软件;

-U:在系统中升级软件;

-e:在系统中卸载软件;

-h:用#(hash)符显示 rpm 安装过程;

-v:详述安装过程;

-p:表明对 RPM 包进行查询,通常和其他参数同时使用;

-qlp:查询某个 RPM 包中的所有文件列表,查看软件包将会在系统中安装哪部分;

-qip:查询某个 RPM 包的内容信息,系统将会列出这个软件包的详细资料,包括含有多少个文件、各文件名称、文件大小、创建时间、编译日期等信息。

示例 64:安装 RPM 包。

```
[root@localhost ~]# rpm -ivh package-name.rpm
```

示例 65：升级 rpm 包。

```
[root@localhost ~]# rpm -Uvh package-name.rpm
```

示例 66：卸载 rpm 包。

```
[root@localhost ~]# rpm -ev package-name
```

示例 67：查询已安装 rpm 包。

```
[root@localhost ~]# rpm -qa|grep package-name
```

示例 68：查询指定文件属于哪个软件包。

```
[root@localhost ~]# rpm -qf <文件名>
```

2. yum 包管理软件

yum（全称为 Yellow dog Updater, Modified）是基于 RPM 包的管理工具，在 Fedora、RedHat 和 CentOS 中应用广泛。yum 能够从指定的源空间（服务器、本地目录等）自动下载目标 RPM 包并且安装，可以自动处理依赖性关系并进行下载、安装，无须烦琐地手动下载、安装每一个需要的依赖包。此外，yum 还能够进行系统中所有软件的升级。在 RHEL 中由 /etc/yum.repos.d/ 目录中的 .repo 文件配置指定。

示例 69：列出所有可更新的软件包信息。

```
[root@localhost ~]# yum info updates
```

示例 70：安装 rpm 包。

```
[root@localhost ~]# yum -y install package-name
```

示例 71：升级 rpm 包。

```
[root@localhost ~]# yum update package-name
```

示例 72：卸载 rpm 包。

```
[root@localhost ~]# yum remove package-name
```

示例 73：列出已安装 rpm 包。

```
[root@localhost ~]# yum list
```

示例 74：列出系统中可升级的所有软件。

```
[root@localhost ~]# yum  check-update
```

3. DEB 包管理

DEB 是基于 Debian 操作系统的软件包管理工具（DPKG），全称为 Debian Package。由于基于 Debian 的 Linux 发行版也较多（如 Ubuntu 系统），因此也成为常见的包管理器。

命令格式：dpkg [选项] Package

常用选项：

-l：在系统中查询软件内容信息；

--info：在系统中查询软件或查询指定 rpm 包的内容信息；

-i：在系统中安装/升级软件；

-r：在系统中卸载软件，不删除配置文件；

-P：在系统中卸载软件及其配置文件。

示例 75：查询系统中已安装的软件。

```
[root@localhost ~]# dpkg-l package
```

示例 76：安装 DEB 包。

```
[root@localhost ~]# dpkg -i package.deb
```

示例 77：卸载 DEB 包。

```
[root@localhost ~]# dpkg -rpackage.deb
```

4. apt 包管理

apt 全称为 AdvancedPackaging Tools，是基于 dpkg 的前端软件，目前已经通过 apt-rpm 实现对 rpm 包的管理管理。apt 的主要包管理工具为 apt-get。

示例 78：更新源索引。

```
[root@localhost ~]# apt-get update
```

示例 79：安装一个新手软件包。

```
[root@localhost ~]# apt-get install package-name
```

示例 80：下载指定源文件。

```
[root@localhost ~]# apt-get source package-name
```

示例 81：升级所有软件。

```
[root@localhost ~]# apt-get upgrade
```

示例 82：卸载一个安装的软件包。

```
[root@localhost ~]# apt-get remove package-name
```

5. 源文件安装方式

Linux 系统下通过源代码安装软件是一种较为通用的安装方式，几乎在所有的 Linux 系统下都可以实现。安装过程由 3 个步骤组成：配置（Configure）、编译（Make）、安装（Make Install）。

源代码包中一般都采用 tar 进行打包及压缩，因此在安装前首先将其解压。在解压后的源代码中有一个 configure 文件，该文件是一个可执行脚本，用于安装前的一些配置。

配置脚本程序中最常用的选项——prefix 用于配置安装的路径，如果不配置该选项，安装后可执行文件默认放在 /usr/local/bin，库文件默认放在 /usr/local/lib，配置文件默认放在 /usr/local/etc，其他的资源文件放在 /usr/local/share。

示例 83：配置软件安装到 "/usr/local/myapp"。

```
[root@localhost ~]# ./configure --prefix=/usr/local/myapp
```

配置完成后需要用 make 命令对源代码进行编译，将源代码编译成二进制代码，这个过程需要较长的时间。编译后用 make install 命令安装程序。

示例 84：编译安装程序。

```
[root@localhost ~]# make
[root@localhost ~]# make install
```

小 结

本项目首先简单介绍了 Linux 中常见的文件系统类型及目录结构,接着详细介绍了常用的 Linux 文件和目录操作的相关命令,包括文件操作命令、目录操作命令及对文件和目录进行权限设置操作的命令,最后通过一个项目实例详细介绍了各个命令的使用方法。

对于 Linux 系统管理员,必须掌握文件系统的管理,并了解文件权限的分配等相关知识。本项目只介绍了使用 Linux 必须掌握的一些命令,这些命令读者必须反复练习,熟练掌握。

练 习

一、熟悉桌面环境

1. 启动 Linux,进入图形用户界面,熟悉桌面、面板及菜单的各个组成内容及操作。
2. 打开"终端"。

二、熟悉命令方式

1. 使用命令登录(login)和退出(logout)。
2. 学会查看命令的帮助信息(man)。
3. 方向键和【Tab】键的使用。
4. 简单命令使用:pwd、data、cal。
5. Ctrl+Alt+F1~F7 虚拟控制台之间的切换,虚拟控制台与图形界面的切换。
6. 重启 reboot、关机 init、shutdown、init 0。

三、Linux 目录管理

1. pwd 显示当前工作目录。
2. 使用 cd 命令先转到根目录,再进入"/root"目录。
3. ls 列出根目录下的文件和目录,列出全部文件。
4. 在"/root"目录下创建如下的文件目录。

```
stu
|-- class
|   |-- a
|   |-- b--d
|   `-- c
`-- music
```

5. 将 class/c 目录删除。

四、文件管理

1. 在 stu 目录下用 touch 命令创建 file01.txt、file02.txt 和 file03.txt。
2. 使用 cp 命令将 stu 目录下的 file01.txt、file02.txt 和 file03.txt 文件复制到 a 目录下,将 a 目录复制到 b 目录下。
3. a 目录下的 file03.txt 重命名为 myfile.txt。

4. 将 a 目录下的 myfile.txt 移至 b 目录下。
5. 将 b 目录下的所有文件和子目录删除。
6. 用 cat 命令在 stu 目录下创建文件 linux.txt，内容如下：

```
Red hat Linux
Ubuntu
```

创建 opensource.txt，内容如下：

```
OpenSource Software
```

7. 用 cat 命令显示 linux.txt 的内容。
8. 用 cat 命令将 opensource.txt 和 linux.txt 的内容合并起来放到 osl.txt 中。
9. 用 more 命令显示文件 osl.txt。
10. 用 less 命令显示文件 osl.txt。
11. 用 head 命令显示文件 osl.txt 前两行。
12. 用 tail 命令显示文件 osl.txt 后两行。

项目3 用户和组管理

在企业中不同人员对资源的使用存在差异,在企业的信息资源管理过程中需要对企业人员进行分类,根据不同需求为其分配所需使用的资源及相关权限。Linux 系统管理员通常通过用户和组来管理使用系统资源,通过对资源访问的权限控制实现访问的可控目标。

3.1 技术准备

3.1.1 Linux 系统中的用户

Linux 系统中有三类用户:超级用户(root 用户)、普通用户和虚拟用户(也称伪用户或系统用户)。

① 超级用户:这类用户(ID 为 0 的用户)可以对任何文件、目录或进程进行操作,一般用于涉及系统全局的管理,如查看系统日志、管理用户等操作。

② 普通用户:这类用户具有操作系统有限的权限,用户 ID 为 500~6000。

③ 虚拟用户:这类用户不能用于登录系统,是为了方便系统管理,满足相应的系统进程文件属主的要求,用户 ID 为 1~499。

Linux 是一个多用户、多任务的操作系统,不同的用户所分配的权限不同,这是 Linux 系统安全保障的一个重要因素。作为管理员,一般情况下以普通用户身份登录进行相关管理,对于需要系统配置及系统管理相关操作时,可以通过切换到 root 身份或者采用 sudo 命令执行管理命令。

1. 图形界面管理用户

Red Hat Linux 系统一直以来都提供图形界面的用户和组群管理工具,对于初学者来说非常方便学习和使用。

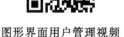

图形界面用户管理视频

① 在"用户管理者"窗口有"用户"和"组群"选项卡(见图 3.1),可以打开"用户"和"组群"管理界面。

② "用户管理者"窗口提供用户和组群管理的基本工具,单击"添加用户"按钮,在弹出的"创建新用户"对话框中创建新用户,如图 3.2 所示。在该对话框中可以输入用户名、口令和登录 Shell 等基本信息。一般情况下,在创建新用户时需要为其创建主目录,默认在"/home"目录下创建与用户同名的目录,也可以自定义。在创建新用户时系统同时会为其分配一个用户 ID(UID)以及一个同名的私人组群。普通用户的 UID 从 500 开始。

③ 通过用户属性按钮可以打开"用户属性"配置窗口,在"用户数据"选项卡中可以修改用户的基本信息,如图 3.3 所示。

图 3.1 "用户管理者"窗口　　　　图 3.2　创建新用户

图 3.3　用户属性–"用户数据"选项卡

④ 在"账号信息"选项卡中可以设置账号过期时间和锁定口令,启动账号过期的目的是为了防止一些账号长期不使用带来的潜在不安全因素,如图 3.4 所示。

图 3.4　"账号信息"选项卡

⑤ 在"口令信息"选项卡中可以对用户口令使用进行过期设定，促使用户定期进行口令更新，从而提高安全性，如图 3.5 所示。

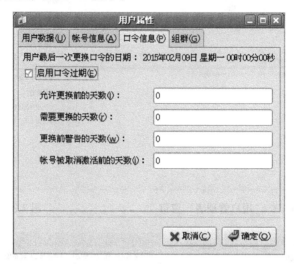

图 3.5 "口令信息"选项卡

⑥ 在"组群"选项卡可以将用户加入选中的组群，如图 3.6 所示。

图 3.6 "组群"选项卡

2. 用户管理命令

（1）添加新用户

useradd 命令格式：useradd 选项 用户名

常用选项：

-b, --base-dir BASE_DIR：设置基本路径作为用户的登录目录；

-c, --comment COMMENT：对用户的注释；

-d, --home-dir HOME_DIR：设置用户的登录目录；

-e, --expiredate EXPIRE_DATE：设置用户的有效期；

添加用户命令视频

-f, --inactive INACTIVE：用户过期后，让密码无效；

-g, --gid GROUP：使用户只属于某个组；

-G, --groups GROUPS：使用户加入某个组；

-m, --create-home：自动创建登录目录；

-s, --shell SHELL：登录时候的 shell；

-u, --uid UID：为新用户指定一个 UID。

示例 1：添加一个名为 user10 的用户并设置口令"123456"。

在添加用户后，必须为其添加口令，否则将无法使用该用户登录系统，在设置口令的过程中，Linux 系统不显示输入字符。

```
[root@localhost ~]# useradd user10
[root@localhost ~]# passwd user10
Changing password for user user10.
New UNIX password:
BAD PASSWORD: it is too simplistic/systematic
Retype new UNIX password:
passwd: all authentication tokens updated successfully.
```

示例 2：添加用户时同时设置用户有效期到 2016 年 10 月 10 日。

```
[root@localhost ~]# useradd user20 -e 2016/10/10
[root@localhost ~]# passwd user20
Changing password for user user20.
New UNIX password:
BAD PASSWORD: it is too simplistic/systematic
Retype new UNIX password:
passwd: all authentication tokens updated successfully.
[root@localhost ~]# chage -l user20
最近一次密码修改时间                          : 9月 30, 2016
密码过期时间                                 : 从不
密码失效时间                                 : 从不
账户过期时间                                 : 10月 10, 2016
两次改变密码之间相距的最小天数                : 0
两次改变密码之间相距的最大天数                : 99999
在密码过期之前警告的天数                      : 7
```

修改用户口令有效期为 2016 年 10 月 7 日

chage 命令用于修改账号和密码的有效期限，"-l" 选项用于列出指定用户以及密码的有效期信息。

（2）修改用户

在对用户管理过程中可以根据需求修改用户相关属性，如修改登录的工作目录，将其加入或移除某个组群。

示例 3：修改用户的主目录为 "/home/user200" 后显示 user20 的用

修改和删除用户视频

户信息。

```
[root@localhost ~]# mkdir /home/user200
[root@localhost ~]# usermod -d /home/user200 user20
[root@localhost ~]# finger user20
Login: user20                          Name: (null)
Directory: /home/user200               Shell: /bin/bash
```

（3）删除用户

对于已经不再使用的用户可以将其删除。

命令格式：userdel 用户名

示例4：删除user20用户后进行查询。

```
[root@localhost ~]# userdel user20
[root@localhost ~]# finger user20
finger: user20: no such user.
```

查看用户命令视频

（4）查看用户

作为管理员查看用户信息是日常管理中必不可少的操作，与查看用户相关的命令有 w、who、whoami、finger 等。

whoami 命令用于查看当前登录用户名。

示例5：显示当前登录用户名。

```
[root@localhost ~]# whoami
root
```

who 命令用于查看当前登录的所有用户。

示例6：查看当前所有登录用户。

```
[root@localhost ~]# who
root      :0          2016-09-30 11:10
root      pts/1       2016-09-30 11:20 (:0.0)
```

w 命令用于显示登录用户详细信息，此命令不仅显示登录用户，同时还会显示登录用户的登录地址，登录时间以及做了什么。

示例7：显示用户登录详细信息。

```
[root@localhost ~]# w
 11:45:25 up 40 min, 2 users, load average: 0.00, 0.02, 0.09
USER     TTY      FROM        LOGIN@   IDLE   JCPU   PCPU WHAT
root     :0       -           11:10    ?xdm?  1:02   0.58s /usr/bin/gnome-
root     pts/1    :0.0        11:20    0.00s  0.12s  0.04s w
```

finger 命令用于查看指定用户信息。该命令后如果不跟具体用户名就会显示当前用户信息；如果指定具体用户就会显示该用户详细信息。

示例8：分别显示当前用户信息和 user20 的信息。

```
[root@localhost ~]# finger
Login       Name        Tty         Idle Login Time   Office     Office Phone
root        root        *:0              Sep 30 11:10
```

```
root       root         pts/1        Sep 30 11:20 (:0.0)
[root@localhost ~]# finger user20
Login: user20                    Name: (null)
Directory: /home/user20          Shell: /bin/bash
Never logged in.
No mail.
No Plan.
```

3.1.2 组群

Linux 系统中为了简化用户管理，将具有相同特性的用户归为一个组群，方便用户文件的共享与权限管理。任何一个用户都至少属于一个组群。组群按照性质分为：系统组群和私人组群。

① 系统组群：安装 Linux 以及部分服务性程序时系统自动设置的组群，组群 ID（GID）低于 500。

② 私人群组：系统安装完成后，由超级用户新建的组群，组群 ID 在 500 以上。

一个用户只属于一个主组群，但可以同时属于多个附加组群。用户不仅拥有其主组群的权限，还同时拥有附加组群的权限。Linux 系统中组群除了有组群名和组群 ID 之外，还可以设置组群口令。

1. 图形界面管理组群

在"用户管理者"窗口中单击"添加组群"按钮，弹出创建新组群对话框（见图 3.7），在该对话框中可以输入组群名并添加该组群。

图形界面管理组群视频

图 3.7 "创建新组群"对话框

2. 组群管理命令

① groupadd：创建组群命令。

示例 9：创建一个名为 test 的组群。

```
[root@localhost ~]# groupadd test
You have new mail in /var/spool/mail/root
```

组群管理命令视频

② groupmod：修改组群命令。

示例 10：将 test 组群改名为 test01。

```
[root@localhost ~]# groupmod -n test01 test
```

③ groupdel：删除组群命令。

示例 11：删除组群 test01。

```
[root@localhost ~]# groupdel test01
```

④ groups：查看组群命令。

示例 12：查看当前登录用户所在的组。

```
[root@localhost ~]# groups
root bin daemon sys adm disk wheel
```

示例 13：查看指定组群中的用户。

```
[root@localhost ~]# groups bin
bin : bin daemon sys
```

3. **用户与组群管理综合应用**

示例 14：添加用户时指定 UID 并将其加入组群。

具体要求：新建一个 tempgrp 的组群，再创建一个 tmp01 的用户，在创建的同时将其加入 tempgrp，并查看。

```
[root@localhost ~]# groupadd tempgrp
[root@localhost ~]# useradd tmp01 -G tempgrp
[root@localhost ~]# groups tmp01
tmp01 : tmp01 tempgrp
```

示例 15：从 tempgroup 组群中删除 tmp01 用户后查看。

```
[root@localhost ~]# gpasswd -d tmp01 tempgrp
正在将用户"tmp01"从"tempgrp"组中删除
[root@localhost ~]# groups tmp01
tmp01 : tmp01
```

示例 16：通过修改用户属性将其加入指定组群。

```
[root@localhost ~]# useradd tmp02
[root@localhost ~]# usermod -G tempgrp tmp02
```

示例 17：将用户 test 从 test2 组中移出。

```
[root@localhost ~]# gpasswd -d tmp02 tempgrp
```

3.1.3 账号文件

Linux 系统账号信息保存在配置文件中，与账号相关的配置文件有 4 个分别是：passwd、shadow、group 和 gshadow，这 4 个配置文件都在 /etc 目录下。

1. **Passwd 文件**

passwd 文件用于存放用户账户信息，每行存储一个账户信息，用冒号分隔。格式如下：

用户名:密码:用户 ID:组群 ID:用户全名:工作目录:shell 名称

示例 18：显示 passwd 文件内容。

```
[root@localhost ~]# cat /etc/passwd
root:x:0:0:root:/root:/bin/bash
bin:x:1:1:bin:/bin:/sbin/nologin
daemon:x:2:2:daemon:/sbin:/sbin/nologin
adm:x:3:4:adm:/var/adm:/sbin/nologin
lp:x:4:7:lp:/var/spool/lpd:/sbin/nologin
sync:x:5:0:sync:/sbin:/bin/sync
shutdown:x:6:0:shutdown:/sbin:/sbin/shutdown
halt:x:7:0:halt:/sbin:/sbin/halt
mail:x:8:12:mail:/var/spool/mail:/sbin/nologin
news:x:9:13:news:/etc/news:
uucp:x:10:14:uucp:/var/spool/uucp:/sbin/nologin
operator:x:11:0:operator:/root:/sbin/nologin
games:x:12:100:games:/usr/games:/sbin/nologin
gopher:x:13:30:gopher:/var/gopher:/sbin/nologin
ftp:x:14:50:FTP User:/var/ftp:/sbin/nologin
nobody:x:99:99:Nobody:/:/sbin/nologin
nscd:x:28:28:NSCD Daemon:/:/sbin/nologin
vcsa:x:69:69:virtual console memory owner:/dev:/sbin/nologin
rpc:x:32:32:Portmapper RPC user:/:/sbin/nologin
mailnull:x:47:47::/var/spool/mqueue:/sbin/nologin
smmsp:x:51:51::/var/spool/mqueue:/sbin/nologin
pcap:x:77:77::/var/arpwatch:/sbin/nologin
ntp:x:38:38::/etc/ntp:/sbin/nologin
dbus:x:81:81:System message bus:/:/sbin/nologin
avahi:x:70:70:Avahi daemon:/:/sbin/nologin
sshd:x:74:74:Privilege-separated SSH:/var/empty/sshd:/sbin/nologin
rpcuser:x:29:29:RPC Service User:/var/lib/nfs:/sbin/nologin
nfsnobody:x:65534:65534:Anonymous NFS User:/var/lib/nfs:/sbin/nologin
haldaemon:x:68:68:HAL daemon:/:/sbin/nologin
avahi-autoipd:x:100:101:avahi-autoipd:/var/lib/avahi-autoipd:/sbin/nologin
distcache:x:94:94:Distcache:/:/sbin/nologin
apache:x:48:48:Apache:/var/www:/sbin/nologin
oprofile:x:16:16:Special user account to be used by OProfile:/home/oprofile:/sbin/nologin
```

```
webalizer:x:67:67:Webalizer:/var/www/usage:/sbin/nologin
squid:x:23:23::/var/spool/squid:/sbin/nologin
xfs:x:43:43:X Font Server:/etc/X11/fs:/sbin/nologin
gdm:x:42:42::/var/gdm:/sbin/nologin
sabayon:x:86:86:Sabayon user:/home/sabayon:/sbin/nologin
student:x:500:500::/home/student:/bin/bash
vboxadd:x:101:1::/var/run/vboxadd:/bin/false
smbuser01:x:501:501:Samba user:/home/smbuser01:/bin/bash
smbuser02:x:502:502:Samba user:/home/smbuser02:/bin/bash
smbadm:x:503:503::/home/smbadm:/bin/bash
smbman:x:504:504::/home/smbman:/bin/bash
webadmin:x:505:505::/var/www/html:/sbin/nologin
named:x:25:25:Named:/var/named:/sbin/nologin
```

账号信息中密码，用"x"代替，具体密码存储在/etc/shadow 中。

2. Shadow 文件

shadow 文件用于存放各个用户加密后的密码，每行代表一个用户，格式如下：

username:password:last_change:min_change:max_change:warm:failed_expire:expiration:reserved

示例 19：显示 shadow 文件内容。

```
[root@localhost ~]# cat /etc/shadow
root:$1$cFCrsGlx$sLmynQuXDuUnzIeKrLShF0:17099:0:99999:7:::
bin:*:17099:0:99999:7:::
daemon:*:17099:0:99999:7:::
adm:*:17099:0:99999:7:::
lp:*:17099:0:99999:7:::
sync:*:17099:0:99999:7:::
shutdown:*:17099:0:99999:7:::
halt:*:17099:0:99999:7:::
mail:*:17099:0:99999:7:::
news:*:17099:0:99999:7:::
uucp:*:17099:0:99999:7:::
operator:*:17099:0:99999:7:::
games:*:17099:0:99999:7:::
gopher:*:17099:0:99999:7:::
ftp:*:17099:0:99999:7:::
nobody:*:17099:0:99999:7:::
nscd:!!:17099:0:99999:7:::
vcsa:!!:17099:0:99999:7:::
```

```
rpc:!!:17099:0:99999:7:::
mailnull:!!:17099:0:99999:7:::
smmsp:!!:17099:0:99999:7:::
pcap:!!:17099:0:99999:7:::
ntp:!!:17099:0:99999:7:::
dbus:!!:17099:0:99999:7:::
avahi:!!:17099:0:99999:7:::
sshd:!!:17099:0:99999:7:::
rpcuser:!!:17099:0:99999:7:::
nfsnobody:!!:17099:0:99999:7:::
haldaemon:!!:17099:0:99999:7:::
avahi-autoipd:!!:17099:0:99999:7:::
distcache:!!:17099:0:99999:7:::
apache:!!:17099:0:99999:7:::
oprofile:!!:17099:0:99999:7:::
webalizer:!!:17099:0:99999:7:::
squid:!!:17099:0:99999:7:::
xfs:!!:17099:0:99999:7:::
gdm:!!:17099:0:99999:7:::
sabayon:!!:17099:0:99999:7:::
student:$1$3x/6UHpP$ntWYkEFeHnx73hH4ZqDwU1:17099:0:99999:7:::
vboxadd:!!:17099::::::
smbuser01:$1$oPku5rB4$3XMeC9Ht9q8N3TYbRiYe70:17106:0:99999:7:::
smbuser02:$1$10bx34rC$UCB8d7yiHxECjkull2Vwo.:17106:0:99999:7:::
smbadm:$1$sPCHc2Bv$rRH3J8oYOT3BBHTAwzdET0:17113:0:99999:7:::
smbman:$1$hL9C6JCe$u63cj5pgBkhlH2O1o7CGW0:17113:0:99999:7:::
webadmin:$1$I2BfmWs9$BIWpnp6rGpy5oJkz9bLky1:17117:0:99999:7:::
named:!!:17118::::::
```

username 为用户名；password 为加密后的密码；last_change 是最近一次密码修改时间，值是从 1970 年 1 月 1 日到现在的日期差；min_change 是两次改变密码之间相距的最小天数；max_change 是两次改变密码之间相距的最大天数；warm 是在密码过期之前警告的天数；failed_expire 用于修改用户口令有效期，在经过的这些天，原密码将无法使用；expiration 表示该账户的有效期限；reserved 为保留位。

3. group 文件

group 文件存放用户组信息，每行代表一个用户组，格式如下：

```
groupname:password:gid:members
```

示例 20：显示 group 文件内容。

```
[root@localhost ~]# cat /etc/group
root:x:0:
```

groupname 为用户组名；password 为组密码；gid 为该用户组的 id；members 为该用户组包含的用户，以该用户组为主用户组的用户不会在 members 中。

4. **gshadow 文件**

gshadow 文件用于存放用户组的密码，每行代表一个用户组，格式如下：

```
groupname:password:admin_users:members
```

groupname 为用户组名；password 为密码；admin_users 为用户组管理员用户，可以为逗号分隔的列表；members 为该用户组包含的用户，以该用户组为主用户组的用户不会在 members 中。

3.2 项 目 实 施

公司与其他企业合作过程中有些合作企业技术人员需要短期使用系统资源，管理员需要为其创建一个短期使用的账号，并归属一个临时组群，可以在一定范围内使用资源。

3.2.1 图形桌面环境下管理用户与组群

图形桌面环境下管理
用户与组群案例视频

1. **创建组群**

在创建新组群对话框的组群名文本框内输入 tmp2016，创建组群，如图 3.8 所示。

图 3.8 创建组群

2. **创建一个用户并将其添加至临时组群**

在创建新用户的对话框内输入用户名 tmpuser201601，全称 tempuser-2016-01，口令 123456，其他按默认设置，如图 3.9 所示。

项目 3 用户和组管理

图 3.9 创建新用户

3. 创建短期使用的用户账号

启用账号过期选项，并在账号过期日期中填写 2016-10-31，如图 3.10 所示。

图 3.10 设置账号过期时间

3.2.2 使用命令管理用户账号和组群

1. 创建组群

```
[root@localhost ~]# groupadd tmp2016
```

2. 创建一个用户并将其添加至临时组群

```
[root@localhost ~]# useradd tmpuser201601 -G tmp2016
```

3. 创建短期使用的用户账号

```
[root@localhost ~]# usermod -e 2016-10-31 tmpuser201601
```

使用命令对用户账号
和组群管理案例视频

3.2.3 批量添加用户

以上通过命令方式管理用户和组群的方式灵活方便，但对于大批量的用户管理则显得效率较低，因此可以采用其他方式批量管理。管理员经常会在一台服务器上添加多个用户，也有可能在多台服务器上添加同一个用户。

批量添加用户视频

批量添加用户可以通过 Shell 脚本结合用户管理命令进行添加和管理，这种方法可以实现多种需求，但需要掌握 Shell 脚本编写技术。另一种简单的方法是用 newusers 和 chpasswd 实现。

1. 创建用户文件和密码文件

创建包含新用户的文件 users.list，此文件中一行为一个用户的信息，依次为用户名:密码（x）:UID:GID:用户全名:用户主目录:登录 Shell。

```
[root@localhost ~]# vi users.list
user00:x:520:520::/home/user00:/bin/bash
user01:x:521:521::/home/user01:/bin/bash
user02:x:522:522::/home/user02:/bin/bash
user03:x:523:523::/home/user03:/bin/bash
user04:x:524:524::/home/user04:/bin/bash
```

创建用户设置密码文件 userspwd.list，文件中每行为一个用户名和密码信息。

```
[root@localhost ~]# vi userspwd.list
user00:78dDf7
user01:4Gu3sd
user02:Dur7sd
user03:7d5Fd2
user04:de4Fv9
```

2. 用 newusers 批量添加用户

```
[root@localhost ~]# newusers users.list
[root@localhost ~]# ls /home
student  tmpuser201601  user00  user01  user02  user03  user04
```

3. 密码转换文件

执行命令 /usr/sbin/pwunconv，将 /etc/shadow 产生的 shadow 密码解码，然后回写到 /etc/passwd 中。

```
[root@localhost ~]# pwunconv
[root@localhost ~]# cat/etc/passwd
...
user00:$1$Jx7RTNAf$FOQszeNzCifhu1vf9AiQ/.:520:520::/home/user00:/bin/bash
user01:$1$Jx7RTNAf$FOQszeNzCifhu1vf9AiQ/.:521:521::/home/user01:/bin/bash
user02:$1$Jx7RTNAf$FOQszeNzCifhu1vf9AiQ/.:522:522::/home/user02:/bin/bash
```

```
user03:$1$Jx7RTNAf$FOQszeNzCifhu1vf9AiQ/.:523:523::/home/user03:/bin/bash
user04:$1$Jx7RTNAf$FOQszeNzCifhu1vf9AiQ/.:524:524::/home/user04:/bin/bash
```

4. 用 chpasswd 批量修改密码

```
[root@localhost ~]# chpasswd<userspwd.list
```

5. 恢复 /etc/shadow 文件

```
[root@localhost ~]# pwconv
[root@localhost ~]# cat /etc/passwd
...
user00:x:520:520::/home/user00:/bin/bash
user01:x:521:521::/home/user01:/bin/bash
user02:x:522:522::/home/user02:/bin/bash
user03:x:523:523::/home/user03:/bin/bash
user04:x:524:524::/home/user04:/bin/bash
```

3.3 技术拓展

3.3.1 Linux 下的 ACL 简介

ACL（Access Control List）是访问控制列表，是 Linux 原有用户和文件权限管理（owner、group 和 other 的 rwx 权限）之外的一种权限管理方式。通过使用 ACL，可以增加权限给其他用户或组别，而不只是简单的 other 或者是拥有者不存在的组别。ACL 支持多种 Linux 文件系统，包括 ext2、ext3、ext4、XFS、Btrfs 等。可以通过以下命令检查系统是否支持 ACL。

ACL 简介视频

```
[root@localhost ~]# cat /boot/config-2.6.18-194.el5 |grep -i ext3
CONFIG_EXT3_FS=m
CONFIG_EXT3_FS_XATTR=y
CONFIG_EXT3_FS_POSIX_ACL=y
CONFIG_EXT3_FS_SECURITY=y
```

输出结果中第三行显示系统支持 ACL，但具体到操作系统不是每一个分区都默认支持 ACL，可以通过以下方式查询该分区是否支持 ACL。

```
[root@localhost ~]# dumpe2fs /dev/mapper/VolGroup00-LogVol00 |grep acl
dumpe2fs 1.39 (29-May-2006)
Default mount options:    user_xattr acl
```

输出结果 user_xattr acl 表示该分区或卷可以使用 ACL。

ACL 权限的查看与设置命令 getfacl 和 setfacl。

① getfacl：用于查看文件/目录的 ACL 设定内容。

```
[root@localhost ~]# getfacl install.log
# file: install.log
```

```
# owner: root
# group: root
user::rw-
group::r--
other::r-
```

② setfacl 的格式如下：

setfacl [-bkRd] [{-m|-x} acl 参数] 文件名

-m：设置后续的 acl 参数；

-x：删除后续的 acl 参数；

-b：删除所有的 ACL 设置参数；

-R：递归设置 acl 参数；

-d：设置预设的 acl 参数（只对目录有效，在该目录新建的文件也会使用此 ACL 默认值）

-k：删除预设的 ACL 参数。

参数设置格式如下：

[d[efault]:] u[ser]:uid [:perms]

[d[efault]:] g[roup]:gid [:perms]

[d[efault]:] m[ask][:] [:perms]

[d[efault]:] o[ther][:] [:perms]

示例 21：为文件添加读/写权限并查看文件权限。

```
[root@localhost ~]# setfacl -m o:rwx install.log
[root@localhost ~]# getfacl install.log
# file: install.log
# owner: root
# group: root
user::rw-
group::r--
other::rwx
```

示例 22：为文件添加指定用户的读/写权限。

```
[root@localhost ~]# setfacl -m user:student:rw install.log
[root@localhost ~]# ls -l install.log
-rw-rw-rwx+ 1 root root 36041 2015-02-10 install.log
[root@localhost ~]# getfacl install.log
# file: install.log
# owner: root
# group: root
user::rw-
user:student:rw-
group::r--
```

```
mask::rw-
other::rwx
```

3.3.2 ACL 示例

对分区/dev/sdb1 设置并启动 ACL，在该分区上设置文件的 ACL 权限并验证。

1. 挂载分区

① 将/dev/sdb1 挂载到/facl 目录，同时支持 ACL 功能，通常可以用下列的方式挂载分区并启用 ACL：

```
[root@localhost ~]# mkdir /facl
[root@localhost ~]# mount -t ext3 -o acl /dev/sdb1 /facl
```

② 修改/facl 目录权限，让所有用户都能够读/写该目录。

```
[root@localhost ~]# chmod 777 /facl
```

如果需要该分区在系统启动时就支持 ACL 功能，可以在/etc/fstab 文件中添加对 ACL 的支持。

2. 创建 3 个用户并设置密码

```
[root@localhost ~]# adduser acl01
[root@localhost ~]# adduser acl02
[root@localhost ~]# adduser acl03
[root@localhost ~]# passwd acl01
Changing password for user acl01.
New UNIX password:
BAD PASSWORD: it is too simplistic/systematic
Retype new UNIX password:
passwd: all authentication tokens updated successfully.
...
```

3. 以 acl01 用户登录创建文件并设置权限

```
[root@localhost ~]# su acl01
[acl01@localhost root]$ cd /facl
[acl01@localhost facl]$ echo "ACL testing">acltest.txt
[acl01@localhost facl]$ chmod 600 acltest.txt
[acl01@localhost facl]$ ls -l acltest.txt
-rw------- 1 acl01 acl01 12 10-09 20:03 acltest.txt
```

4. 切换 acl02 用户

```
[acl01@localhost facl]$ su acl02
口令：
[acl02@localhost facl]$ cat acltest.txt
cat: acltest.txt: 权限不够
```

系统显示权限不够，不能显示该文件内容。切换回 acl01 用户，为该文件设置 acl02 用户的访问权限。

```
[root@localhost facl]# su acl01
[acl01@localhost facl]$ setfacl -m u:acl02:rw acltest.txt
[acl01@localhost facl]$ ls -l acltest.txt
-rw-rw----+ 1 acl01 acl01 12 10-09 20:03 acltest.txt
[acl01@localhost facl]$ getfacl acltest.txt
# file: acltest.txt
# owner: acl01
# group: acl01
user::rw-
user:acl02:rw-
group::---
mask::rw-
other::---
```

5. 切换回 acl02 用户并查看文件内容

```
[acl01@localhost facl]$ su acl02
密码:
[acl02@localhost facl]$ cat acltest.txt
ACL testing
```

6. 以 acl03 用户登录系统查看该文件

```
[acl02@localhost facl]$ su acl03
密码:
[acl03@localhost facl]$ cat acltest.txt
cat: acltest.txt: 权限不够
```

结果显示 acl03 用户不能访问该文件。

小　　结

本项目介绍了 Linux 系统中用户和组群的相关概念，以及创建和使用用户的方法。通过桌面图形界面和命令行两种方式实现对用户和群组的管理，通过批量添加用户的示例加强对相关概念和用法的强化。

练　　习

一、用户管理

1. 在图形界面下创建用户 stuser01，口令自定，用户全名：学生自己的姓名全拼。
2. 命令添加新用户 stuser02，并为用户设置口令 123456。

3. 到虚拟控制台练习用户的注册与注销操作。
4. 用 finger 命令查看用户的详细信息。
5. 用 who 命令显示登录到系统上的用户。
6. 用命令删除用户。

二、用户组设置

1. 在图形界面下创建用户组群 stugrp01。
2. 新建组群 stugrp02。
3. 用命令创建 3 个用户 stu01，stu02，stu03。
4. 用图形界面将 stu01,stu02 划归到组 stugrp01 组，用命令方式将 stu03 划归到组 stgroup2 组。
5. 用命令删除组 stugrp02。

三、更改目录或文件的访问权限。

1. 创建一个文件 test.txt。
2. 显示文件 test.txt 的权限。
3. 使用 chomd 命令更改 test.txt 权限，为同组用户和其他用户添加 w 权限。
4. 为文件属主去掉 r 权限。
5. 用文字设定法将 test.txt 权限设置为 rw-r—r-x。
6. 用数字设定法将 test.txt 权限设置为 rwxrw-r--。

四、更改目录或文件所属用户和组群

1. 用 chown 命令将 test.txt 所属组群改为 stugrp01。
2. 用 chown 命令将 test.txt 所属主组改为 stu01。

项目 ④ Linux 磁盘存储管理

对于一般用户的文件与资料的存储与管理，Linux 的文件系统负责相关功能，系统管理员如果进一步细化管理存储资源就需要更多涉及存储介质管理，如通过磁盘管理命令查询用户使用存储的情况，或通过磁盘配额实现对用户存储资源的控制等。

4.1 技术准备

4.1.1 Linux 存储

在计算机领域，当提及存储管理的概念时往往针对两种对象：一种是操作系统的内存管理；另一种是外部存储的磁盘管理。本书所讨论的存储管理是指磁盘存储管理。

在 Linux 系统中所有的硬件设备都是通过文件的方式来表现和使用的，这些文件被称为设备文件，通常放置在/dev 目录中。根据设备文件的不同，又分为字符设备文件和块设备文件，磁盘属于块设备文件。

在 Linux 系统中磁盘设备有固定的表示方法，设备名称的命名与设备接口、设备顺序等有关，常用的命名方式为：设备类型名称+设备号+分区号，如 hda1、sdb5 等。在项目 1 中介绍过这种设备命名方式。

在一些引导程序中（如 GRUB）采用另一种存储设备命名方式：（设备名类型名称+设备号，分区号）。在这种命名方式下，设备号用数字表示，由 0 开始，即 0 表示第一块硬盘，分区号也从 0 开始，即 0 表示第一个分区。例如，hda1 用这种表示方式为（hd0，0）。

4.1.2 磁盘管理命令

1. 磁盘查询命令

① du 命令用于统计文件和目录占用的磁盘空间，该命令默认对当前目录进行统计。

命令格式：du [选项] [文件]

主要选项：

-a 或-all：显示目录中个别文件的大小；

-b 或-bytes：显示目录或文件大小时，以 byte 为单位；

-c 或--total：除了显示个别目录或文件的大小外，同时也显示所有目录或文件的总和；

-k 或—kilobytes：以 KB 为单位输出；

-m 或—megabytes：以 MB 为单位输出；

磁盘查询命令视频

-s 或--summarize：仅显示总计，只列出最后加总的值；

-h 或--human-readable：以 K、M、G 为单位，提高信息的可读性；

-x 或--one-file-xystem：以一开始处理时的文件系统为准，若遇上其他不同的文件系统目录则略过；

-L<符号链接>或--dereference<符号链接>：显示选项中所指定符号链接的源文件大小；

-S 或--separate-dirs：显示个别目录的大小时，并不含其子目录的大小；

-X<文件>或--exclude-from=<文件>：在<文件>指定目录或文件；

--exclude=<目录或文件>：略过指定的目录或文件；

-D 或--dereference-args：显示指定符号链接的源文件大小；

-l 或--count-links：重复计算硬件链接的文件。

示例 1：显示当前目录（/root）占用空间。

```
[root@localhost ~]# du
192     ./.gstreamer-0.10
4       ./pic
76      ./.gconfd
4       ./.scim/sys-tables
212     ./.scim/pinyin
224     ./.scim
84      ./.nautilus/metafiles
92      ./.nautilus
400     ./.Trash
8       ./.dbus/session-bus
12      ./.dbus
8       ./.gnome/gnome-vfs
12      ./.gnome
28      ./.metacity/sessions
32      ./.metacity
4       ./stu/music
4       ./stu/class/c
4       ./stu/class/b
4       ./stu/class/a
16      ./stu/class
24      ./stu
4       ./.gnome2_private
8       ./.config/gtk-2.0
12      ./.config
268     ./Desktop/newdns
184     ./Desktop/old
520     ./Desktop
```

```
4       ./.redhat/esc
8       ./.redhat
20      ./.mozilla/firefox/mfykzzux.default/bookmarkbackups
4       ./.mozilla/firefox/mfykzzux.default/extensions
80      ./.mozilla/firefox/mfykzzux.default/Cache
12      ./.mozilla/firefox/mfykzzux.default/chrome
3908    ./.mozilla/firefox/mfykzzux.default
3916    ./.mozilla/firefox
4       ./.mozilla/extensions/{ec8030f7-c20a-464f-9b0e-13a3a9e97384}
8       ./.mozilla/extensions
3928    ./.mozilla
8       ./.chewing
4       ./.gnome2/nautilus-scripts
4       ./.gnome2/keyrings
12      ./.gnome2/accels
8       ./.gnome2/share/fonts
8       ./.gnome2/share/cursor-fonts
20      ./.gnome2/share
64      ./.gnome2
8       ./.gconf/apps/eog/window
8       ./.gconf/apps/eog/ui
20      ./.gconf/apps/eog
8       ./.gconf/apps/puplet
8       ./.gconf/apps/panel/applets/window_list/prefs
12      ./.gconf/apps/panel/applets/window_list
8       ./.gconf/apps/panel/applets/systray
8       ./.gconf/apps/panel/applets/clock/prefs
16      ./.gconf/apps/panel/applets/clock
8       ./.gconf/apps/panel/applets/mixer
8       ./.gconf/apps/panel/applets/workspace_switcher/prefs
12      ./.gconf/apps/panel/applets/workspace_switcher
60      ./.gconf/apps/panel/applets
64      ./.gconf/apps/panel
8       ./.gconf/apps/gedit-2/preferences/ui/statusbar
12      ./.gconf/apps/gedit-2/preferences/ui
16      ./.gconf/apps/gedit-2/preferences
20      ./.gconf/apps/gedit-2
8       ./.gconf/apps/gnome-screenshot
124     ./.gconf/apps
```

```
8       ./.gconf/desktop/gnome/accessibility/keyboard
12      ./.gconf/desktop/gnome/accessibility
16      ./.gconf/desktop/gnome
20      ./.gconf/desktop
152     ./.gconf
204     ./.thumbnails/normal
208     ./.thumbnails
4       ./.eggcups
6164    .
```

结果显示当前目录下子目录的目录大小和当前目录总的大小,左边一列是文件或目录的大小,右边一列是文件或目录的名称,最后一行 6164 为当前目录的总大小。

示例 2:显示指定文件所占的空间。

```
[root@localhost ~]# du install.log
52      install.log
```

示例 3:显示指定目录所占的空间。

```
[root@localhost ~]# du Desktop/
60      Desktop/
```

示例 4:只显示总和的大小。

```
[root@localhost ~]# du -s
5456    .
```

示例 5:文件和目录同时显示。

```
[root@localhost ~]# du -a Desktop/
52      Desktop/install.log
60      Desktop/
```

示例 6:显示多个文件或目录各自占用磁盘空间的大小并统计其总和。

```
[root@localhost ~]# du -c install.log Desktop/
52      install.log
60      Desktop/
112     总计
```

② df:显示文件系统磁盘空间的使用情况,默认以 KB 为单位显示所有当前挂载的文件系统的可用空间。如果没有文件名被指定,则所有当前被挂载的文件系统的可用空间将被显示。

命令格式:df [选项] [文件]

常用选项:

-a:全部文件系统列表;

-i:显示 inode 信息;

-k:区块为 1 024B;

-l:只显示本地文件系统;

-m:区块为 1 048 576B;

-T：文件系统类型；

-t：<文件系统类型> 只显示选定文件系统的磁盘信息。

示例 7：显示磁盘使用情况。

```
[root@localhost ~]# df
文件系统            1K-块       已用        可用   已用% 挂载点
/dev/mapper/VolGroup00-LogVol00
                   6983168    2788468    3834252    43% /
/dev/sda1          101086     12087      83780      13% /boot
tmpfs              257656     0          257656     0% /dev/shm
VSDoc              81919996   71984892   9935104    88% /media/sf_VSDoc
/dev/hdc                      57608      57608      0 100% /media/
VBOXADDITIONS_5.0.12_104815
VSDoc              81919996   71984892   9935104    88% /mnt/vsbox
```

表 4.1 所示为执行 df 命令显示的磁盘信息各列内容。

表 4.1 执行 df 命令显示的信息内容

列 名	意 义
文件系统	文件系统对应的设备文件的路径
1K-块	分区对应的数据块（1 024B）数目
已用	已用的数据块数目
可用	可用的数据块数目
已用%	普通用户空间使用的百分比
挂载点	文件系统的挂载点

示例 8：以 inode 模式来显示磁盘使用情况。

```
[root@localhost ~]# df -i
文件系统           Inode (I)已用 (I)可用 (I)已用% 挂载点
/dev/mapper/VolGroup00-LogVol00
                   1802240    127531    1674709    8% /
/dev/sda1          26104      34        26070      1% /boot
tmpfs              64414      1         64413      1% /dev/shm
VSDoc              1000       0         1000       0% /media/sf_VSDoc
/dev/hdc           0          0         0          -
/media/VBOXADDITIONS_5.0.12_104815
VSDoc              1000       0         1000       0% /mnt/vsbox 说明：
```

示例 9：显示指定类型磁盘。

```
[root@localhost ~]# df -t ext3
文件系统           1K-块       已用        可用   已用% 挂载点
/dev/mapper/VolGroup00-LogVol00
                   6983168    2788468    3834252    43% /
```

```
/dev/sda1              101086         12087          83780       13% /boot
```

示例 10：列出各文件系统的 i 节点的使用情况。

```
[root@localhost ~]# df -ia
文件系统                Inode    (I)已用  (I)可用   (I)已用%  挂载点
/dev/mapper/VolGroup00-LogVol00
                       1802240   127531   1674709    8%   /
proc                   0         0        0          -    /proc
sysfs                  0         0        0          -    /sys
devpts                 0         0        0          -    /dev/pts
/dev/sda1              26104     34       26070      1%   /boot
tmpfs                  64414     1        64413      1%   /dev/shm
none                   0         0        0          -    /proc/sys/fs/binfmt_misc
sunrpc                 0         0        0          -    /var/lib/nfs/rpc_pipefs
VSDoc                  1000      0        1000       0%   /media/sf_VSDoc
/dev/hdc      0        0         0             -/media/VBOXADDITIONS_5.0.12_
104815
VSDoc                  1000      0        1000       0%   /mnt/vsbox
```

2. 磁盘分区与格式化命令

（1）fdisk 格式化命令

fdisk 是 Linux 的磁盘分区工具，可以通过交互方式对磁盘进行分区管理。

命令格式：fdisk [选项] [设备]

常用参数：

-l：显示当前设备的分区表；

-s /dev/sda1：显示指定分区的大小。

交互方式中常用子命令：

m：显示命令帮助；

p：显示当前分区表；

q：退出；等等；

n：新建一个新分区；

d：删除一个分区；

q：退出不保存；

w：把分区写进分区表，保存并退出。

磁盘分区与格式化
命令视频

示例 11：对新硬盘进行分区。

要求：对一块新硬盘进行分区，将其分为两个分区：一个 3 GB 的主分区、一个 4 GB 的逻辑分区和一个 1 GB 的逻辑分区。前两个格式化为 ext3 格式，1 GB 的逻辑分区格式化为 MSDOS 的文件系统。

① 在分区前需要在虚拟机中添加一块新硬盘，并重启系统才会在系统中进行分区。

```
[root@localhost ~]# fdisk -l
```

```
Disk /dev/sda: 8589 MB, 8589934592 bytes
255 heads, 63 sectors/track, 1044 cylinders
Units = cylinders of 16065 * 512 = 8225280 bytes

   Device Boot      Start         End      Blocks   Id  System
/dev/sda1   *           1          13      104391   83  Linux
/dev/sda2              14        1044     8281507+  8e  Linux LVM

Disk /dev/sdb: 8589 MB, 8589934592 bytes
255 heads, 63 sectors/track, 1044 cylinders
Units = cylinders of 16065 * 512 = 8225280 bytes

Disk /dev/sdb doesn't contain a valid partition table
```

② 用 fdisk –l 命令查看硬盘分区情况，可以看到新添加的硬盘设备名为 sdb，容量为 8G，并且显示为没有可用分区表。

```
[root@localhost ~]# fdisk /dev/sdb
Device contains neither a valid DOS partition table, nor Sun, SGI or OSF disklabel
Building a new DOS disklabel. Changes will remain in memory only,
until you decide to write them. After that, of course, the previous
content won't be recoverable.
The number of cylinders for this disk is set to 1044.
There is nothing wrong with that, but this is larger than 1024,
and could in certain setups cause problems with:
1) software that runs at boot time (e.g., old versions of LILO)
2) booting and partitioning software from other OSs
   (e.g., DOS FDISK, OS/2 FDISK)
Warning: invalid flag 0x0000 of partition table 4 will be corrected by w(rite)
Command (m for help):
```

③ 在提示符后输入 fdisk /dev/sdb 进入交互命令方式，输入 m 列出命令动作。

```
Command (m for help): m
Command action
   a   toggle a bootable flag
   b   edit bsd disklabel
   c   toggle the dos compatibility flag
   d   delete a partition
   l   list known partition types
   m   print this menu
```

```
n   add a new partition
o   create a new empty DOS partition table
p   print the partition table
q   quit without saving changes
s   create a new empty Sun disklabel
t   change a partition's system id
u   change display/entry units
v   verify the partition table
w   write table to disk and exit
x   extra functionality (experts only)

Command (m for help):
```

④ 输入 n 新建一个分区：

```
Command (m for help): n
Command action
   e   extended
   p   primary partition (1-4)
```

其中，e 表示扩展分区，p 表示主分区，输入 p 创建主分区。

```
p
Partition number (1~4):
```

输入分区号 1（数字 1），为分区指定分区号。在 fdisk 命令中磁盘的容量沿用了磁盘柱面表述磁盘容量的方式，这块 8 GB 的磁盘起始柱面为 1，结束柱面为 1004，虽然默认采用柱面方式表述容量，但也提供目前较为常用的容量定义方法，即在要求输入结束页面时，采用"+容量尺寸"的方式设置分区大小。例如，"+500M"表示设置为 500MB，"1000M"表示设置为 1 GB。

```
p
Partition number (1-4): 1
First cylinder (1-1044, default 1): 1
Last cylinder or +size or +sizeM or +sizeK (1-1044, default 1044): +3000M
Command (m for help):
```

⑤ 重新进入分区，并输入 e 创建扩展分区，将剩余的空间全部划分给扩展分区，此处可以按照默认柱面分配，直接按【Enter】键即可。

```
Command (m for help): n
Command action
   e   extended
   p   primary partition (1~4)
e
Partition number (1~4): 2
First cylinder (367~1044, default 367):
```

```
Using default value 367
Last cylinder or +size or +sizeM or +sizeK (367~1044, default 1044):
Using default value 1044
```

⑥ 再次输入 n 进入创建分区动作,此时,有没有扩展分区,只有主分区和逻辑分区,输入 l(小写字母 L)创建逻辑分区,在结束柱面出输入+4000M,创建一个 4 GB 的分区(分区号为 5)。

```
Command (m for help): n
Command action
   l   logical (5 or over)
   p   primary partition (1~4)
l
First cylinder (367~1044, default 367):
Using default value 367
Last cylinder or +size or +sizeM or +sizeK (367~1044, default 1044): +4000M

Command (m for help):
```

⑦ 采用与上面同样的操作将剩余的容量再创建一个逻辑分区,其分区号应为 6。
⑧ 使用 w 存盘退出,将分区信息写入磁盘,至此分区结束。

```
Command (m for help): w
The partition table has been altered!
Calling ioctl() to re-read partition table.
Syncing disks.
```

⑨ 再次使用 fdisk 命令查看 sdb 磁盘,磁盘信息如下:

```
   Device Boot      Start         End      Blocks    Id  System
/dev/sdb1             1           366     2939863+   83  Linux
/dev/sdb2            367         1044     5446035     5  Extended
/dev/sdb5            367          853     3911796    83  Linux
/dev/sdb6            854         1044     1534176    83  Linux
```

fdisk 命令存在一定的限制,目前只能划分小于 2 TB 的磁盘,对于超过 2 TB 的硬盘可以采用卷管理和 parted 命令进行分区。

(2)mkfs 格式化命令

在分区完成后,根据需要对各个分区进行格式化,即在分区上创建指定文件系统。

命令格式:mkfs [选项] 设备

主要选项:

设备:预备检查的硬盘 partition,例如,/dev/sda1;

-V:详细显示模式;

-t:给定文件系统的类型,Linux 的预设值为 ext2;

-c:在创建文件系统前,检查该 partition 是否有坏道;

-l bad_blocks_file:将有坏道的 block 资料加到 bad_blocks_file 里面;

block：给定 block 的大小；

-L：建立 lable。

示例 12：将/dev/sdb1 格式化成 ext3 格式文件系统。

```
[root@localhost ~]# mkfs -t ext3 /dev/sdb1
mke2fs 1.39 (29-May-2006)
Filesystem label=
OS type: Linux
Block size=4096 (log=2)
Fragment size=4096 (log=2)
368000 inodes, 734965 blocks
36748 blocks (5.00%) reserved for the super user
First data block=0
Maximum filesystem blocks=754974720
23 block groups
32768 blocks per group, 32768 fragments per group
16000 inodes per group
Superblock backups stored on blocks:
        32768, 98304, 163840, 229376, 294912
Writing inode tables: done
Creating journal (16384 blocks): done
Writing superblocks and filesystem accounting information: done
This filesystem will be automatically checked every 29 mounts or
180 days, whichever comes first. Use tune2fs -c or -i to override.
```

示例 13：将/dev/sdb6 格式化成 msdos 格式文件系统。

```
[root@localhost ~]# mkfs -V -t msdos /dev/sdb6
mkfs (util-linux 2.13-pre7)
mkfs.msdos /dev/sdb6
mkfs.msdos 2.11 (12 Mar 2005)
```

（3）fsck（file system check）磁盘检查

由于掉电等异常导致文件系统出现问题，可以利用 fsck 命令进行检查。

```
fsck [-t 文件系统] [-ACay] 设备名称
```

常用选项：

-t：给定文件系统类型，如果在/etc/fstab 文件中已定义或核心支持的文件系统则不需要；

-A：对/etc/fstab 文件中所有列出来的分区做检查；

-C：显示完整的检查进度；

-V：详细显示模式；

-a：如果检查有错则自动修复；

-r：如果检查有错则交互方式进行修复。

示例 14：强制检测 /dev/hdc6 分区。

```
[root@localhost ~]# fsck -C -f -t ext3 /dev/sdb1
fsck 1.39 (29-May-2006)
e2fsck 1.39 (29-May-2006)
Pass 1: Checking inodes, blocks, and sizes
Pass 2: Checking directory structure
Pass 3: Checking directory connectivity
Pass 4: Checking reference counts
Pass 5: Checking group summary information
/dev/sdb1: 11/368000 files (9.1% non-contiguous), 29040/734965 blocks
```

3. 磁盘挂载与卸载命令

新添加的硬盘在分区和格式化之后,并不会立即出现在文件系统中,必须通过挂载的方式将新产生的分区挂载到原有文件系统中的某个目录才可以使用。Linux 中没有类似 Windows 的盘符的概念,所有的磁盘分区都被组织到文件系统的目录树中,如图 4.1 所示。

磁盘挂载与
卸载命令视频

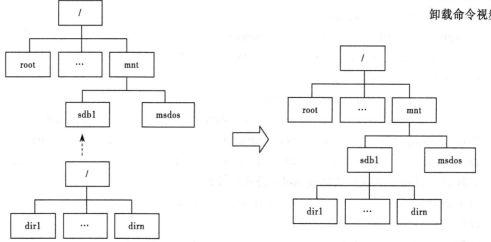

图 4.1　Linux 文件系统挂载示意图

挂载点是 Linux 上的一个目录,存储设备挂载至此目录后,对该存储设备任何操作就相当于对该目录操作。Linux 系统默认的挂载点目录为/mnt 或者/media,前者用于临时挂载,后者用于挂载移动存储设备。实际应用过程中挂载点可以不限于这两个目录,建议自己创建,不要利用系统已存在的其他目录。Linux 的磁盘挂载使用 mount 命令。

(1) 挂载命令 mount

命令格式:mount [-t 文件系统] [-L 卷标名] [-o 选项] [-n]　设备文件　挂载点

-t:指定文件系统类型;

-L:指定卷标;

-o:指定选项;

设备文件:需要挂载的设备;

挂载点：挂载设备需要挂载的目录。

示例 15：显示所有挂载点信息。

```
[root@localhost ~]# mount
/dev/mapper/VolGroup00-LogVol00 on / type ext3 (rw)
proc on /proc type proc (rw)
sysfs on /sys type sysfs (rw)
devpts on /dev/pts type devpts (rw,gid=5,mode=620)
/dev/sda1 on /boot type ext3 (rw)
tmpfs on /dev/shm type tmpfs (rw)
one on /proc/sys/fs/binfmt_misc type binfmt_misc (rw)
sunrpc on /var/lib/nfs/rpc_pipefs type rpc_pipefs (rw)
VSDoc on /media/sf_VSDoc type vboxsf (gid=104,rw)
```

当 mount 命令不带任何参数即可显示所有挂载点的信息。

示例 16：将上面创建的两个分区分别挂载到 mnt 的两个目录上。

```
[root@localhost ~]# mkdir /mnt/sdb1
[root@localhost ~]# mkdir /mnt/msdos
[root@localhost ~]# mount /dev/sdb1 /mnt/sdb1
[root@localhost ~]# mount /dev/sdb6 /mnt/msdos
[root@localhost ~]# df
```

文件系统	1K-块	已用	可用	已用%	挂载点
/dev/mapper/VolGroup00-LogVol00					
	6983168	2804868	3817852	43%	/
/dev/sda1	101086	12087	83780	13%	/boot
tmpfs	257656	0	257656	0%	/dev/shm
VSDoc	81919996	72109836	9810160	89%	/media/sf_VSDoc
/dev/sdb1	2893628	69928	2676708	3%	/mnt/sdb1
/dev/sdb6	1531168	4	1531164	1%	/mnt/msdos

（2）卸载命令 umount

卸载挂载设备就是将设备从挂载点上卸载，并还原原有的目录，卸载使用 umount 命令。在 Linux 中，光驱设备在挂载之后，如果要弹出光盘则必须先用 umount 命令卸载之后才能打开，否则无法弹出光盘。

命令格式：umount　设备文件名/挂载点

```
[root@localhost ~]# umount /dev/sdb1
[root@localhost ~]# umount /mnt/msdos
[root@localhost ~]# df
```

文件系统	1K-块	已用	可用	已用%	挂载点
/dev/mapper/VolGroup00-LogVol00					
	6983168	2804868	3817852	43%	/
/dev/sda1	101086	12087	83780	13%	/boot

```
tmpfs           257656          0         257656        0%    /dev/shm
VSDoc           81919996        72111504  9808492       89%   /media/sf_VSDoc
```

4. 磁盘配额

随着用户的不断增加，对存储空间的需求也不断增加。为了有效提高存储利用率同时保证用户能够根据需求利用存储空间，系统管理员可以限制用户在某个硬盘分区使用的存储空间和可创建文件的数量，从而减少空间浪费的情况。

磁盘配额的操作步骤如下：

① 保证有一个单独分区存在，且已经格式化为 ext2 或 ext3 格式文件系统，磁盘配额需要对独立分区进行管理，不能针对某一普通目录进行。

② 修改/etc/fstab，在需要启用配额的分区上加入 usrquota 和 grpquota 两个配置文件，重启系统挂载分区。

③ 使用 quotacheck –cmug /dir 创建配置配额文件（aquota.user 和 aquota.group）。

-c：选项指定每个启用了配额的文件系统都应该创建配额文件；

-u：选项指定检查用户配额；

-g：选项指定检查组群配额。

④ 编辑用户磁盘配额使用：edquota –u user，如果针对组使用磁盘配额可以采用 edquota -g group 命令。

```
[root@LocaLhost~] #edquota-u user1
Disk quotas for user user1 (uid 501):
    Filesystem    blocks    soft    hard    inodes    soft    hard
    /dev/sda5      0         0       0       0         0       0
```

Filesystem：进行配额管理的文件系统；

blocks：已经使用的区块数量（单位 1 KB），一般不做修改；

soft：block 使用数量的最低限制，超出后会给出警告，超出的部分默认会保存 7 天；

hard：block 使用数量的最高限制，不能超过；

inodes：已经使用的 inode 数量；

soft：文件数量使用数量的最低限制；

hard：文件数量使用数量的最高限制。

- 最低限制（软限制，soft）：最低限制容量，超过此限制会警告，超出内容会保留到宽限时间到期。
- 最高限制（硬限制，hard）：此限制不能被超过。
- 宽限时间：当用户使用的空间超过了最低限制但还没到达最高限制时，在这个宽限时间到期前必须将超额的数据降低到最低限制以下（默认为 7 天），当宽限时间到期，系统将自动清除超出的数据。

⑤ 设置超过软限额的宽恕时间，可以使用 edquota –t 查询。

⑥ 启用分区的磁盘配额（启动全部分区配额：quotaon –avug，启用指定分区的磁盘配额：quotaon –vug /home）。

磁盘配额其他常用命令：

项目 4 Linux 磁盘存储管理

- 关闭所有的磁盘配额：quotaoff –a。
- 关闭指定分区磁盘配额：quotaoff –ug /home。
- 查看特定用户或者组的配额分别是：quota –u user 和 quota –g group。
- 查看所有的磁盘配额：repquota –a。
- 查看指定分区的配额情况：repquota /home。
- 查看被警告超过配额的用户或者组：warnquota。
- 查看配额的状态：quotastats。

4.2 项目实施

4.2.1 桌面模式下移动存储设备的管理

项目要求：通过图形界面挂载和卸载 U 盘。

Linux 系统可以识别和自动挂载一些移动存储设备，如 U 盘或移动硬盘，但 Linux 默认不支持 NTFS 格式的分区，只能通过第三方软件实现挂载。挂载 FAT32 格式 U 盘的操作步骤如下：

① RHLE 提供较为方便的可移动驱动器和介质管理工具，选择"系统"→"首选项"→"可移动驱动器和介质"命令（见图 4.2），在弹出的选项对话框中可以设置对可移动存储设备与光盘存储介质的操作。

图 4.2　系统菜单

② 默认设置允许在热插拔时挂载可移动驱动器，且可以浏览驱动上存储的文件和目录，如图 4.3 所示。

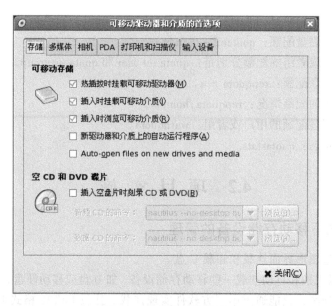

图 4.3　可移动存储设置

③ 将 U 盘插入 USB 接口后，系统会自动挂载存储设备，并自动打开设备，在桌面上可以看到自动挂载的 U 盘图标和打开的文件窗口，如图 4.4 所示。

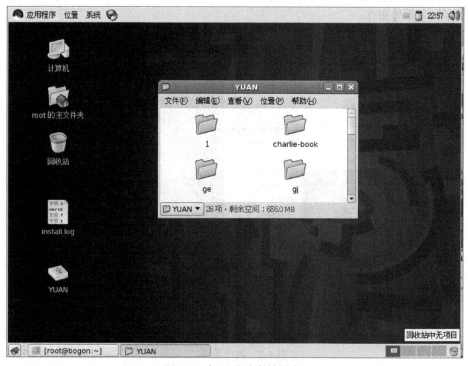

图 4.4　打开移动存储设备

④ 在移动存储设备上右击，在弹出菜单中选择"卸载文件卷"命令（见图 4.5）卸载移动存储设备，之后桌面图标随即消失。

项目 ④ Linux 磁盘存储管理

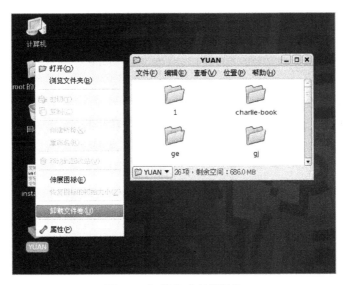

图 4.5 卸载移动存储设备

4.2.2 磁盘配额管理

项目要求：为指定分区分配磁盘限额，user01 用户分配 10 KB 磁盘的软限制，20 KB 的硬限制，文件数量软限制为 2，硬限制为 4，创建完成后进行测试。

磁盘配额管理视频

① 创建挂载点，并设置其权限为 777。

```
[root@localhost ~]# mkdir /usrquota
[root@localhost ~]# chomod 777 /usrquota
```

② 编辑/etc/fstab 文件，将 sdb1 分区自动挂载到/usrquota 目录并添加用户和组的磁盘限额，然后重启操作系统。

```
/dev/VolGroup00/LogVol00  /           ext3     defaults              1 1
LABEL=/boot               /boot       ext3     defaults              1 2
tmpfs                     /dev/shm    tmpfs    defaults              0 0
devpts                    /dev/pts    devpts   gid=5,mode=620        0 0
sysfs                     /sys        sysfs    defaults              0 0
proc                      /proc       proc     defaults              0 0
/dev/VolGroup00/LogVol01  swap        swap     defaults              0 0
/dev/sdb1                 /usrquota   ext3     defaults,usrquota,grpquota 0 0
```

第一个字段为被挂载的分区，第二个字段为挂载的目录，第三个字段是被挂载的分区的文件系统类型。在文件最后添加 sdb1 分区自动加载磁盘配额参数，注意各字段用空格分隔。

重启系统后使用以下命令查看 sdb1 挂载状态，如果输出信息的括号内有 usrquota、grpquota，则磁盘配额可以使用。

```
[root@localhost ~]# mount|grep /dev/sdb1
/dev/sdb1 on /usrquota type ext3 (rw,usrquota,grpquota)
```

③ 用 quotacheck 命令创建 aquota.user 和 aquota.group 文件。

```
[root@localhost ~]# quotacheck -vug /usrquota/
quotacheck: Scanning /dev/sdb1 [/usrquota] done
quotacheck: Checked 3 directories and 9 files
```

查看磁盘配额目录会生成以上两个文件。

```
[root@localhost ~]# quotacheck -vugf /usrquota/
quotacheck: Scanning /dev/sdb1 [/usrquota] done
quotacheck: Checked 3 directories and 9 files
```

④ 创建用户 user01 并为其设置磁盘限额功能。

- 首先创建用户 user01：

```
[root@localhost ~]#useradd user01
[root@localhost ~]#passwd user01
```

- 为用户 user01 创建磁盘配额：

```
[root@localhost ~]# edquota -u user01
```

- 修改配额参数如下：

```
Disk quotas for user user01 (uid 502):
  Filesystem        blocks       soft       hard     inodes     soft     hard
  /dev/sdb1              0         10         20          0        2        4
```

- 启用 quota 功能：

```
[root@localhost ~]# quotaon /usrquota
```

⑤ 切换到用户 user01，查看用户磁盘限额并测试。

```
[root@localhost ~]# su user01
[user01@localhost root]$ cd /usrquota/
```

- 创建一个 15 KB 的文件 filea，测试对文件大小的限制。

```
[user01@localhost usrquota]$ dd if=/dev/zero of=/usrquota/filea bs=1K count=15
sdb1: warning, user block quota exceeded.
15+0 records in
15+0 records out
15360 bytes (15 kB) copied, 1.79e-07 seconds, 85.8 GB/s
```

- 以上信息已经警告文件容量已经超过最低限额，下面再创建一个 10 KB 的文件 fileb。

```
[user01@localhost usrquota]$ dd if=/dev/zero of=/usrquota/fileb bs=1K count=10
sdb1: write failed, user block limit reached.
dd: 写入 "/usrquota/fileb": 超出磁盘限额
5+0 records in
4+0 records out
4096 bytes (4.1 kB) copied, 0.00141019 seconds, 2.9 MB/s
```

- 由于最大限额的限制，此时提示超出磁盘限额，因此只有 5 KB 的数据被写入文件，与 filea 文件加起来总共 20 KB。

```
[user01@localhost usrquota]$ ls -l file*
-rw-rw-r-- 1 user01 user01 15360 09-29 19:29 filea
-rw-rw-r-- 1 user01 user01  4096 09-29 19:30 fileb
```

- 使用 touch 命令创建 3 个空文件（filec、filed、filee）测试文件数量配额。

```
[user01@localhost usrquota]$ touch filec
sdb1: warning, user file quota exceeded.
[user01@localhost usrquota]$ touch filed
[user01@localhost usrquota]$ touch filee
sdb1: write failed, user file limit reached.
touch: 无法触碰 "filee": 超出磁盘限额
```

从以上信息可以看到，在创建第三个文件时，已经产生警告，在创建第五个文件时，则显示错误，并无法创建文件。

查看当前用户的磁盘配额使用情况，两个已经超出的配置分别是文件大小和文件数量，宽限时间还有 6 天。

```
[user01@localhost usrquota]$ quota -vugs
Disk quotas for user user01 (uid 502):
    Filesystem blocks quota limit grace files quota limit grace
    /dev/sdb1     20*    10    20          4*    2     4
Disk quotas for group user01 (gid 502):
    Filesystem blocks quota limit grace files quota limit grace
    /dev/sdb1     20     0     0           4     0     0
```

4.3 技术拓展

Linux 系统对磁盘存储的管理不只以上介绍的基本技术，还包含更为先进的 LVM 卷管理和磁盘阵列技术。

4.3.1 LVM 卷管理

LVM 是 Linux 环境中对磁盘分区进行管理的一种机制，是建立在硬盘和分区之上、文件系统之下的一个逻辑层，可提高磁盘分区管理的灵活性。RHEL5 默认安装的分区格式就是 LVM 逻辑卷的格式，需要注意的是/boot 分区不能基于 LVM 创建，必须独立出来。

LVM 卷管理视频

LVM 是 Linux 在物理存储设备（硬盘和分区）上建立的一个抽象层，可以动态管理分区，可以提高磁盘分区管理的灵活性。LVM 常用的概念有：物理卷、逻辑卷和卷组等。

物理卷（Physical Volume，PV）：通常指包含了 LVM 管理参数的磁盘、磁盘分区或从逻辑上与磁盘分区具有同样功能的设备（如 RAID），是 LVM 的基本存储逻辑块。

卷组（Volume Group, VG）：由物理卷组成，可在卷组上创建一个或多个"LVM 分区"（逻辑卷），LVM 卷组由一个或多个物理卷组成。

逻辑卷（Logical volume，LV）：类似于非 LVM 系统中的硬盘分区，在逻辑卷之上可以创建文件系统（比如/home 或者/usr 等）。

常用命令：

① pvdisplay：查看组成 LVM 卷的物理卷。

② pvcreate：创建物理卷。（可以在硬盘上或其中某个分区上创建）

③ vgcreate：创建卷组，例如，vgcreate myvolumn /dev/sdd1 /dev/sdc2。其中，sdd1 和 sdc2 都为物理卷。

④ vgextend：在卷组里添加一个新的物理卷，例如，vgextend myvolumn /dev/sdd3。

⑤ lvdisplay：查看逻辑卷。

⑥ lvcreate：创建一个逻辑卷，例如 lvcreate –l 50 myvolumn –n mylogical 创建一个 /dev/myvolumn/mylogical 的新设备，可以用于挂载：mkfs –j /dev/myvolume/mylogical，mount –t ext3 /dev/myvolumn/mylogical /mnt/mynewdisk。–l 50 表示大小为 50 个 PE（Pinysical Exteut，物理块），每个 PE 大小可能为 4.0 MB，而–L 指定 LV 的 size，–n 指定 LV 的名字。

⑦ lvextend：扩展逻辑卷，如果有多余的 PE，可以扩展逻辑卷的大小。例如，lvextend –L 800M /dev/myvolumn/mylogical。

示例 17：新建两块虚拟硬盘，在其上创建逻辑卷。

（1）为硬盘分区并修改硬盘分区类型

分区后修改分区类型：t，分区类型为 8e。

```
[root@localhost ~]# fdisk /dev/sdc
Command (m for help): t
Selected partition 1
Hex code (type L to list codes): 8e
Changed system type of partition 1 to 8e (Linux LVM)
Command (m for help): w
The partition table has been altered!
Calling ioctl() to re-read partition table.
Syncing disks.
```

（2）创建物理卷

```
[root@localhost ~]# pvcreate /dev/sdc1
  Physical volume "/dev/sdc1" successfully created
[root@localhost ~]# pvcreate /dev/sdd1
  Physical volume "/dev/sdd1" successfully created
```

（3）显示物理卷

```
[root@localhost ~]# pvdisplay /dev/sdc1
  "/dev/sdc1" is a new physical volume of "2.21 GB"
  --- NEW Physical volume ---
  PV Name                /dev/sdc1
```

```
    VG Name
    PV Size              2.21 GB
    Allocatable          NO
    PE Size (KByte)      0
    Total PE             0
    Free PE              0
    Allocated PE         0
    PV UUID              6H7hhs-P9kL-fvtj-6i86-ULUg-KVp2-YsB0dV
```

（4）建立卷组

```
[root@localhost ~]# vgcreate  DataVol /dev/sdc1 /dev/sdd1
  Volume group "DataVol" successfully created
[root@localhost ~]# vgdisplay  DataVol
  --- Volume group ---
  VG Name               DataVol
  System ID
  Format                lvm2
  Metadata Areas        2
  Metadata Sequence No  1
  VG Access             read/write
  VG Status             resizable
  MAX LV                0
  Cur LV                0
  Open LV               0
  Max PV                0
  Cur PV                2
  Act PV                2
  VG Size               4.21 GB
  PE Size               4.00 MB
  Total PE              1077
  Alloc PE / Size       0 / 0
  Free  PE / Size       1077 / 4.21 GB
  VG UUID               2MtC19-zD21-k0Ry-10pd-NPb8-381U-MOSU5k
```

（5）建立逻辑卷

```
[root@localhost ~]# lvcreate  -L500M -n DBVol DataVol
  Logical volume "DBVol" created
```

（6）格式化逻辑卷

```
[root@localhost ~]# mkfs -t ext3 /dev/DataVol/DBVol
mke2fs 1.39 (29-May-2006)
Filesystem label=
```

```
OS type: Linux
Block size=1024 (log=0)
Fragment size=1024 (log=0)
128016 inodes, 512000 blocks
25600 blocks (5.00%) reserved for the super user
First data block=1
Maximum filesystem blocks=67633152
63 block groups
8192 blocks per group, 8192 fragments per group
2032 inodes per group
Superblock backups stored on blocks:
        8193, 24577, 40961, 57345, 73729, 204801, 221185, 401409

Writing inode tables: done
Creating journal (8192 blocks): done
Writing superblocks and filesystem accounting information: done

This filesystem will be automatically checked every 28 mounts or
180 days, whichever comes first. Use tune2fs -c or -i to override.
```

（7）挂载逻辑卷

```
[root@localhost ~]# mkdir /dbvol
[root@localhost ~]# mount /dev/DataVol/DBVol /dbvol
[root@localhost ~]# df -h
```

文件系统	容量	已用	可用	已用%	挂载点
/dev/mapper/VolGroup00-LogVol00					
	6.7G	2.7G	3.7G	43%	/
/dev/sda1	99M	12M	82M	13%	/boot
tmpfs	252M	0	252M	0%	/dev/shm
/dev/sdb1	2.8G	69M	2.6G	3%	/usrquota
VSDoc	79G	69G	9.3G	89%	/media/sf_VSDoc
/dev/mapper/DataVol-DBVol					
	485M	11M	449M	3%	/dbvol

（8）扩充逻辑卷

可以将未使用的空间分配给已经创建好的分区，实现逻辑卷的扩展。

① 检查逻辑卷处于哪一个卷组。

```
[root@localhost ~]# lvdisplay|grep DBVol
  LV Name                /dev/DataVol/DBVol
[root@localhost ~]# lvdisplay  DataVol/DBVol
  --- Logical volume ---
```

```
    LV Name                /dev/DataVol/DBVol
    VG Name                DataVol
    LV UUID                ZBGhpn-Ed0H-m6rL-ljoW-uhOo-nyA2-Q6SmQJ
    LV Write Access        read/write
    LV Status              available
    # open                 1
    LV Size                500.00 MB
    Current LE             125
    Segments               1
    Allocation             inherit
    Read ahead sectors     auto
    - currently set to     256
    Block device           253:2
```

② 检查卷组 Data 是否还有剩余空间。

```
[root@localhost ~]# lvextend -v -L 1G DataVol/DBVol
    Finding volume group DataVol
    Archiving volume group "DataVol" metadata (seqno 2).
  Extending logical volume DBVol to 1.00 GB
    Found volume group "DataVol"
    Found volume group "DataVol"
    Loading DataVol-DBVol table (253:2)
    Suspending DataVol-DBVol (253:2) with device flush
    Found volume group "DataVol"
    Resuming DataVol-DBVol (253:2)
    Creating volume group backup "/etc/lvm/backup/DataVol" (seqno 3).
  Logical volume DBVol successfully resized
```

③ 再将检查逻辑卷状态，注意看跟容量有关的 LV Size 和 Current LE 数量情况。

```
[root@localhost ~]# lvdisplay DataVol/DBVol
  --- Logical volume ---
    LV Name                /dev/DataVol/DBVol
    VG Name                DataVol
    LV UUID                ZBGhpn-Ed0H-m6rL-ljoW-uhOo-nyA2-Q6SmQJ
    LV Write Access        read/write
    LV Status              available
    # open                 1
    LV Size                1.00 GB
    Current LE             256
    Segments               1
    Allocation             inherit
```

```
Read ahead sectors       auto
- currently set to       256
Block device             253:2
```

4.3.2 磁盘阵列

磁盘阵列是一种使用多个价格低廉的磁盘组合成一个容量较大的磁盘组的技术，通过这项技术可以提高磁盘的利用率以及数据的安全性。磁盘阵列有 RAID0、RAID1 和 RAID5 等模式。磁盘阵列产品一般通过硬件实现，在 Linux 下可以通过软件方式实现磁盘阵列。

磁盘阵列视频

raid0 将最少 2 个硬盘合并成 1 个逻辑盘使用，数据读/写时对各硬盘同时操作，不同硬盘写入不同数据，速度快。

raid1 就是同时对 2 个硬盘进行读/写（同样的数据），强调数据的安全性。

raid5 将多个（最少 3 个）硬盘合并成 1 个逻辑盘使用，数据读/写时会建立奇偶校验信息，并且奇偶校验信息和相对应的数据分别存储于不同的磁盘上。当 RAID5 的一个磁盘数据发生损坏后，利用剩下的数据和相应的奇偶校验信息去恢复被损坏的数据，相当于 raid0 和 raid1 的综合。

raid10 就是 raid1+raid0，比较适合速度要求高，又要完全容错的情况。最少需要 4 块硬盘（注意：做 raid10 时要先作 RAID1，再把数个 RAID1 做成 RAID0，这样比先做 raid0、再做 raid1 有更高的可靠性）。

通过两块硬盘实现 RAID0，操作步骤如下：

1. **添加两块虚拟磁盘，并将其分区和格式化**

创建分区：

```
fdisk /dev/sdc
```

t（修改分区类型），选择分区号：1，输入十六进制分区类型 fd（阵列），w（保存分区）。

```
[root@localhost ~]# fdisk /dev/sdc
Command (m for help): t
Selected partition 1
Hex code (type L to list codes): fd
Changed system type of partition 1 to fd (Linux raid autodetect)
Command (m for help): w
The partition table has been altered!
Calling ioctl() to re-read partition table.
Syncing disks.
```

对另一块硬盘（/dev/sdd）重复以上操作。

2. **创建和使用 RAID**

① 创建 RAID：

```
[root@localhost ~]# mdadm --create -v /dev/md0 -10 --raid-devices=2 /dev/sdc1 /dev/sdd1
mdadm: chunk size defaults to 64K
mdadm: array /dev/md0 started.
```

项目 4 Linux 磁盘存储管理

② 检查 RAID 状态：

```
[root@localhost ~]# fdisk -l /dev/md0
Disk /dev/md0: 4523 MB, 4523687936 bytes
2 heads, 4 sectors/track, 1104416 cylinders
Units = cylinders of 8 * 512 = 4096 bytes
Disk /dev/md0 doesn't contain a valid partition table
```

③ 设置系统启动自动激活 RAID：

```
echo DEVICE /dev/sdc1 /dev/sdd1/>/etc/mdadm.conf
```

④ 在 RAID 上创建文件系统：

```
[root@localhost ~]# mkfs -t ext3 /dev/md0
mke2fs 1.39 (29-May-2006)
Filesystem label=
OS type: Linux
Block size=4096 (log=2)
Fragment size=4096 (log=2)
552704 inodes, 1104416 blocks
55220 blocks (5.00%) reserved for the super user
First data block=0
Maximum filesystem blocks=1132462080
34 block groups
32768 blocks per group, 32768 fragments per group
16256 inodes per group
Superblock backups stored on blocks:
        32768, 98304, 163840, 229376, 294912, 819200, 884736
Writing inode tables: done
Creating journal (32768 blocks): done
Writing superblocks and filesystem accounting information: done

This filesystem will be automatically checked every 30 mounts or
180 days, whichever comes first. Use tune2fs -c or -i to override.
```

⑤ 挂载磁盘阵列：

```
[root@localhost ~]# mkdir /raid
[root@localhost ~]# mount /dev/md0 /raid
[root@localhost ~]# df -h
```

文件系统	容量	已用	可用	已用%	挂载点
/dev/mapper/VolGroup00-LogVol00	6.7G	2.7G	3.7G	43%	/
/dev/sda1	99M	12M	82M	13%	/boot
tmpfs	252M	0	252M	0%	/dev/shm

```
/dev/sdb1              2.8G     69M    2.6G    3%    /usrquota
VSDoc                  79G      69G    9.2G    89%   /media/sf_VSDoc
/dev/md0               4.2G     137M   3.9G    4%    /raid
```

删除上一实验中建立的 RAID，方法如下：

① 从挂载点卸载 RAID。

```
[root@localhost ~]# umount /dev/md0
```

② 移除配置文件/etc/mdadm.conf。

```
[root@localhost ~]# (rm/etc/mdadm.conf    f)
```

③ 将 RAID 成员硬盘移出 RAID。

```
[root@localhost ~]# mdadm -f /dev/md0 /dev/sdc1
[root@localhost ~]# mdadm -f /dev/md0 /dev/sdd1
```

④ 停止 RAID。

```
[root@localhost ~]# mdadm -S /dev/md0
mdadm: stopped /dev/md0
```

⑤ 清除各硬盘上的 RAID 信息。

```
[root@localhost ~]# mdadm --zero-superblock /dev/sdc1
[root@localhost ~]# mdadm --zero-superblock /dev/sdd1
```

小　　结

本项目对 Linux 的存储管理进行了介绍，首先简单介绍了 Linux 的存储管理的概念，接着详细介绍了磁盘管理的相关命令，包括磁盘查询、磁盘分区、格式化，再挂载到系统中的过程，最后介绍了如何在桌面图形界面方式下进行移动存储设备的管理和在命令行方式下实现磁盘配额管理。

练　　习

1. du 命令。统计 student 用户目录所占磁盘空间的使用情况，以字节为单位显示，并递归显示 student 用户目录及其子目录各文件所占磁盘空间的私用情况，要求以 1 024 B（块）为单位显示。

2. df 命令。用 df 命令列出各文件系统的磁盘空间使用情况。

3. 为系统添加新硬盘，分成两个分区并分别挂载至两个不同的目录下。

➜ Linux 网络管理

将计算机连接到网络中是使用网络资源的基础。以 Linux 系统作为网络服务器操作系统，将其连接到网络中是保证其网络服务正常工作的前提，Linux 系统网络管理内容主要包括网络参数配置、主机配置、DNS 配置等。

5.1 技术准备

一台计算机的网络参数主要包含网络设备名称、网络设备 IP 地址等信息。在 Linux 系统中网络参数的配置可以通过命令和配置文件两种方式进行配置，在一些 Linux 发行版中也提供不同形式的图形界面。

5.1.1 网络配置

1. 图形界面配置网络

RHLE 提供图形界面对网络进行配置，选择"系统"→"管理"→"网络"命令（见图 5.1）可弹出"网络配置"对话框，如图 5.2 所示。

图形界面配置
网络视频

图 5.1 系统网络菜单

在"网络配置"对话框中有常用配置操作按钮（新建、编辑、复制、删除和激活等），还有几个常用选项卡，"设备"选项卡中可以看到目前网络设备的相关信息。在 Linux 系统中以太网设备往往用 ethx 来命名，eth 表示以太网，x 为数字，用于表示网络设备编号，默认从 0 开始。活跃状态的网络设备相当于 Windows 中启用网络连接，未激活的网络设备相当于 Windows 中的禁用网络设备。网络设备的状态可以通过上方的"激活"和"取消激活"按钮进行操作。"硬件"选项卡中的内容用于配制网络设备的硬件相关参数，DNS 选项卡用于配置 DNS 服务器地址信息，"主机"选项卡用于添加主机名与 IP 地址对应的信息。

图 5.2 "网络配置"对话框

在"设备"选项卡中选中网络设备后，单击"编辑"按钮可以打开"以太网设备"对话框，如图 5.3 所示。在"常规"选项卡中可以设置以太网设备的别名，静态 IP 地址或自动获取 IP 地址。在"路由"选项卡中可以添加路由信息，在"硬件设备"选项卡中可以设置网卡 MAC 地址等信息。

图 5.3 "以太网设备"对话框

在 DNS 选项卡中可以设置主机名和 DNS 服务器地址以及 DNS 搜索路径等信息,如图 5.4 所示。

图 5.4 DNS 配制

示例 1:为系统添加一个新的网络设备。

① 在"网络配置"窗口中打开"硬件"选项卡(见图 5.5),单击"新建"按钮,弹出"选择硬件类型"对话框,如图 5.6 所示。在"硬件类型"中选择 Ethernet 后单击"确定"按钮。

图 5.5 "硬件"选项卡　　　　　　　　　图 5.6 选择硬件类型

② 完成硬件选择后,进入"网络适配器配置"对话框(见图 5.7),在此对话框的"适

配器"下拉列表中选择 AMD PCnet32，设备名称设为 eth1，其他资源参数可以不设置。单击"确定"按钮后，回到"网络配置"窗口，此时可以看到在硬件列表中出现刚才添加的硬件设备，如图 5.8 所示。

图 5.7 "网络适配器配置"对话框

图 5.8 "网络配置"窗口

③ 添加完成新硬件后，选中"设备"选项卡（见图 5.9），然后单击"新建"按钮，弹出"添加新设备类型"窗口，如图 5.10 所示。在"设备类型"列表中选择"以太网连接"，单击"前进"按钮。

图 5.9 "设备"选项卡

图 5.10 "添加新设备类型"窗口

④ 在"添加新设备类型"窗口"以太网卡列表"中选择前面创建的 AMD PCnet32(eth1)单击"前进"按钮完成选择,如图 5.11 所示。

图 5.11 选择以太网卡

⑤ 在"配置网络配置"窗口中设置 IP 地址、子网掩码等参数,如图 5.12 所示。设置完成后单击"前进"按钮完成设置,显示成功信息如图 5.13 所示。在返回的"网络配置"窗口中可以看到设备列表中已经出现刚才添加的网络设备,如图 5.14 所示。

图 5.12 "配置网络设置"窗口

图 5.13 创建完成后的提示信息窗口

图 5.14 "网络配置"窗口

2. 网络配置与诊断命令

Linux 系统中网络管理命令分为两类：一类用于配置网络信息，使网络能够运行通畅；另一类是诊断命令，用于排查网络中发生的各种问题。

（1）ifconfig

ifconfig 命令用于查看和配置网络设备。

命令格式：ifconfig ［选项］ ［网络设备］ up|down

主要选项：

up：表示启动指定网络设备/网卡；

down：表示关闭指定网络设备/网卡；

网络配置与诊断
命令视频

arp：设置指定网卡是否支持 ARP 协议；
a：显示全部接口信息；
add：给指定网卡配置 IPv6 地址；
del：删除指定网卡的 IPv6 地址；
netmask<子网掩码>：设置网卡的子网掩码。掩码可以是有前缀 0x 的 32 位十六进制数，也可以是用点分开的 4 个十进制数；
address：为网卡设置 IPv4 地址。

示例 2：查看当前网络配置信息。

```
[root@localhost ~]# ifconfig
eth0      Link encap:Ethernet  HWaddr 00:0C:29:43:5F:0E
          inet6 addr: fe80::20c:29ff:fe43:5f0e/64 Scope:Link
          UP BROADCAST RUNNING MULTICAST  MTU:1500  Metric:1
          RX packets:0 errors:0 dropped:0 overruns:0 frame:0
          TX packets:22 errors:0 dropped:0 overruns:0 carrier:0
          collisions:0 txqueuelen:0
          RX bytes:0 (0.0 b)  TX bytes:7345 (7.1 KiB)

lo        Link encap:Local Loopback
          inet addr:127.0.0.1  Mask:255.0.0.0
          inet6 addr: ::1/128 Scope:Host
          UP LOOPBACK RUNNING  MTU:16436  Metric:1
          RX packets:3831 errors:0 dropped:0 overruns:0 frame:0
          TX packets:3831 errors:0 dropped:0 overruns:0 carrier:0
          collisions:0 txqueuelen:0
          RX bytes:5315928 (5.0 MiB)  TX bytes:5315928 (5.0 MiB)

peth0     Link encap:Ethernet  HWaddr FE:FF:FF:FF:FF:FF
          UP BROADCAST NOARP  MTU:1500  Metric:1
          RX packets:0 errors:0 dropped:0 overruns:0 frame:0
          TX packets:0 errors:0 dropped:0 overruns:0 carrier:0
          collisions:0 txqueuelen:1000
          RX bytes:0 (0.0 b)  TX bytes:0 (0.0 b)
          Interrupt:19 Base address:0x2000
```

从系统显示信息可以看到网络连接名称（eth0、lo、peth0 等）及相关参数信息。

示例 3：查看指定网络设备信息。

```
[root@localhost ~]# ifconfig eth0
eth0      Link encap:Ethernet  HWaddr 00:0C:29:43:5F:0E
          inet6 addr: fe80::20c:29ff:fe43:5f0e/64 Scope:Link
          UP BROADCAST RUNNING MULTICAST  MTU:1500  Metric:1
          RX packets:0 errors:0 dropped:0 overruns:0 frame:0
          TX packets:22 errors:0 dropped:0 overruns:0 carrier:0
```

```
            collisions:0 txqueuelen:0
            RX bytes:0 (0.0 b)   TX bytes:7345 (7.1 KiB)
```
eth0 只有 IPv6 的地址信息，没有 IPv4 的地址信息，说明其 IP 地址还没有设置。

示例 4：为指定网络设备配置 IP 地址与子网掩码，同时启动该网络设备。

```
[root@localhost ~]# ifconfig eth0 192.168.0.100 netmask 255.255.255.0 up
[root@localhost ~]# ifconfig eth0
eth0    Link encap:Ethernet  HWaddr 00:0C:29:43:5F:0E
        inet addr:192.168.0.100  Bcast:192.168.0.255  Mask:255.255.255.0
        inet6 addr: fe80::20c:29ff:fe43:5f0e/64 Scope:Link
        UP BROADCAST RUNNING MULTICAST  MTU:1500  Metric:1
        RX packets:0 errors:0 dropped:0 overruns:0 frame:0
        TX packets:33 errors:0 dropped:0 overruns:0 carrier:0
        collisions:0 txqueuelen:0
        RX bytes:0 (0.0 b)  TX bytes:11870 (11.5 KiB)
```

第一行：eth0 表示第一块网卡。

第三行：Ethernet 为以太网，HWaddr 为硬件 MAC 地址。

第四行：inet addr 用来表示网卡的 IP 地址，网卡的 IP 地址是 192.168.0.100，广播地址 Bcast:192.168.0.255，掩码地址 Mask:255.255.255.0。

第六行：UP 表示网卡开启状态，RUNNING 表示网卡的网线连接正常，MULTICAST 表示支持组播，MTU:1500 表示最大传输单元：1 500 B。

第七至十行：接收、发送数据情况统计。

示例 5：停止指定网络设备。

```
[root@localhost ~]# ifconfig eth0 down
[root@localhost ~]# ifconfig eth0
eth0    Link encap:Ethernet  HWaddr 00:0C:29:43:5F:0E
        inet addr:192.168.0.100  Bcast:192.168.0.255  Mask:255.255.255.0
        BROADCAST MULTICAST  MTU:1500  Metric:1
        RX packets:0 errors:0 dropped:0 overruns:0 frame:0
        TX packets:33 errors:0 dropped:0 overruns:0 carrier:0
        collisions:0 txqueuelen:0
        RX bytes:0 (0.0 b)  TX bytes:11870 (11.5 KiB)
```

输出信息：BROADCAST MULTICAST MTU:1500 Metric:1 显示 eth0 没有在 UP 状态，也就是说没有处在启动状态。

示例 6：配置和删除 IPv6 地址。

```
[root@localhost ~]# ifconfig eth0 add 46fe:3f0d:434d:2a67::2/64
[root@localhost ~]# ifconfig eth0
eth0    Link encap:Ethernet  HWaddr 00:0C:29:43:5F:0E
        inet addr:192.168.0.100  Bcast:192.168.0.255  Mask:255.255.255.0
        inet6 addr: 46fe:3f0d:434d:2a67::2/64 Scope:Global
```

```
          inet6 addr: fe80::20c:29ff:fe43:5f0e/64 Scope:Link
          UP BROADCAST RUNNING MULTICAST MTU:1500 Metric:1
          RX packets:0 errors:0 dropped:0 overruns:0 frame:0
          TX packets:41 errors:0 dropped:0 overruns:0 carrier:0
          collisions:0 txqueuelen:0
          RX bytes:0 (0.0 b)  TX bytes:11754 (11.4 KiB)ifconfig eth0 del
33ffe:3240:800:1005::2/64
    [root@localhost ~]# ifconfig eth0 del 46fe:3f0d:434d:2a67::2/64
```

采用 ifconfig 命令配置网络信息后,如果系统重启,配置信息将失效;如果需要长期有效,需要修改相关配置文件。

(2) ping 命令

该命令是最常用的一条网络诊断命令,用于测试网络的连通性。ping 命令通过发送 ICMP ECHO_REQUEST 数据包到网络主机,并显示响应情况,这样就可以根据它输出的信息来确定目标主机是否可访问。如果目标主机通过防火墙设置了禁止 ping 或者在内核参数中禁止 ping,就不能通过 ping 确定该主机是否还处于开启状态。

命令格式:ping [选项] [主机名或 IP 地址]

主要选项:

-d:使用 Socket 的 SO_DEBUG 功能;

-f:极限检测,大量且快速地送网络封包给一台机器,看它的回应;

-n:只输出数值;

-q:不显示任何传送封包的信息,只显示最后的结果;

-r:忽略普通的 Routing Table,直接将数据包送到远端主机上,通常是查看本机的网络接口是否有问题;

-R:记录路由过程;

-v:详细显示指令的执行过程;

-c:数目:在发送指定数目的包后停止;

-i:秒数:设置间隔几秒送一个网络封包给一台机器,预设值是一秒送一次;

-I:网络界面:使用指定的网络界面送出数据包;

-l:前置载入:设置在送出要求信息之前,先行发出的数据包;

-p:范本样式:设置填满数据包的范本样式;

-s:指定发送的数据字节数,预设值是 56,加上 8 字节的 ICMP 头,一共是 64ICMP 数据字节;

-t:存活数值,设置存活数值 TTL 的大小。

示例 7:ping 指定 IP 主机。

```
[root@localhost ~]# ping 192.168.1.1
PING 192.168.1.1 (192.168.1.1) 56(84) bytes of data.
64 bytes from 192.168.1.1: icmp_seq=1 ttl=64 time=4.32 ms
64 bytes from 192.168.1.1: icmp_seq=2 ttl=64 time=1.10 ms
```

```
64 bytes from 192.168.1.1: icmp_seq=3 ttl=64 time=0.963 ms
64 bytes from 192.168.1.1: icmp_seq=4 ttl=64 time=1.20 ms
--- 192.168.1.1 ping statistics ---
4 packets transmitted, 4 received, 0% packet loss, time 3013ms
rtt min/avg/max/mdev = 0.963/1.900/4.329/1.405 ms
```

示例 8：指定 ping 的次数。

```
[root@localhost ~]# ping -c 3 192.168.1.1
PING 192.168.1.1 (192.168.1.1) 56(84) bytes of data.
64 bytes from 192.168.1.1: icmp_seq=1 ttl=64 time=1.96 ms
64 bytes from 192.168.1.1: icmp_seq=2 ttl=64 time=1.06 ms
64 bytes from 192.168.1.1: icmp_seq=3 ttl=64 time=1.03 ms
--- 192.168.1.1 ping statistics ---
3 packets transmitted, 3 received, 0% packet loss, time 2002ms
rtt min/avg/max/mdev = 1.036/1.355/1.968/0.433 ms
```

（3）netstat 命令

netstat 命令用于查看网络连接相关信息、路由表相关信息等，如网络连接、路由表、接口状态、masquerade 连接、多播成员等。

主要选项：

-a：显示所有选项，默认不显示 LISTEN 相关；

-t：仅显示 tcp 相关选项；

-u：仅显示 udp 相关选项；

-n：拒绝显示别名，能显示数字的全部转化成数字；

-l：仅列出有在 Listen（监听）的服务状态；

-p：显示建立相关链接的程序名；

-r：显示路由信息，路由表；

-e：显示扩展信息，例如 uid 等；

-s：按各个协议进行统计；

-c：每隔一个固定时间，执行该 netstat 命令。

示例 9：显示路由表。

```
[root@localhost ~]# netstat -r
Kernel IP routing table
Destination     Gateway       Genmask          Flags  MSS Window  irtt Iface
192.168.1.0     *             255.255.255.0    U      0   0       0    eth0
```

示例 10：查询所有端口。

```
[root@localhost ~]# netstat -a
Active Internet connections (servers and established)
Proto Recv-Q Send-Q Local Address              Foreign Address         State
tcp        0      0 localhost.localdomain:2208 *:*                     LISTEN
tcp        0      0 *:935                      *:*                     LISTEN
```

```
tcp        0      0 *:sunrpc              *:*                     LISTEN
...
Active UNIX domain sockets (servers and established)
Proto RefCnt Flags       Type       State         I-Node Path
unix  2   [ ACC ]     STREAM    LISTENING     18951  tmp/scim-panel-socket:0-root
unix  2   [ ACC ]     STREAM    LISTENING     11008  @ISCSIADM_ABSTRACT_NAMESPACE
unix  2   [ ACC ]     STREAM    LISTENING     15702  @/tmp/fam-root-
unix  2   [ ACC ]     STREAM    LISTENING     18869  /tmp/scim-socket-frontend-root
```

示例 11：查询所有 tcp 端口。

```
[root@localhost ~]# netstat -at
Active Internet connections (servers and established)
Proto Recv-Q Send-Q Local Address           Foreign Address         State
tcp        0      0 localhost.localdomain:2208 *:*                 LISTEN
tcp        0      0 *:935                   *:*                     LISTEN
tcp        0      0 *:sunrpc                *:*                     LISTEN
```

示例 12：查询所有 udp 端口。

```
[root@localhost ~]# netstat -au
Active Internet connections (servers and established)
Proto Recv-Q Send-Q Local Address           Foreign Address         State
udp        0      0 *:929                   *:*
udp        0      0 *:932                   *:*
udp        0      0 192.168.122.1:domain    *:*
udp        0      0 *:bootps                *:*
```

示例 13：只显示监听端口。

```
[root@localhost ~]# netstat -l
Active Internet connections (only servers)
Proto Recv-Q Send-Q Local Address           Foreign Address         State
tcp        0      0 localhost.localdomain:2208 *:*                 LISTEN
tcp        0      0 *:935                   *:*                     LISTEN
tcp        0      0 *:sunrpc                *:*                     LISTEN
```

示例 14：按协议显示相关协议信息。

```
[root@localhost ~]# netstat -s
Ip:
    20604 total packets received
    60 with invalid addresses
    0 forwarded
    0 incoming packets discarded
    3704 incoming packets delivered
```

```
        3626 requests sent out
        7 dropped because of missing route
Icmp:
        42 ICMP messages received
        0 input ICMP message failed.
        ICMP input histogram:
            destination unreachable: 29
            echo requests: 8
            echo replies: 5
        42 ICMP messages sent
        0 ICMP messages failed
        ICMP output histogram:
            destination unreachable: 29
            echo request: 5
            echo replies: 8
IcmpMsg:
        InType0: 5
        InType3: 29
        InType8: 8
        OutType0: 8
        OutType3: 29
        OutType8: 5
Tcp:
        122 active connections openings
        2 passive connection openings
        120 failed connection attempts
        0 connection resets received
        0 connections established
        3440 segments received
        3445 segments send out
        2 segments retransmited
        0 bad segments received.
        120 resets sent
Udp:
        64 packets received
        1 packets to unknown port received.
        0 packet receive errors
```

```
        134 packets sent
TcpExt:
        2 TCP sockets finished time wait in fast timer
        1083 delayed acks sent
        Quick ack mode was activated 2 times
        343 packets header predicted
        112 acknowledgments not containing data received
        1414 predicted acknowledgments
        2 congestion windows recovered after partial ack
        0 TCP data loss events
        2 other TCP timeouts
        2 DSACKs sent for old packets
        2 DSACKs received
IpExt:
        InMcastPkts: 59
        OutMcastPkts: 69
        InBcastPkts: 154
```

示例 15：查询网络接口。

```
[root@localhost ~]# netstat -i
Kernel Interface table
Iface   MTU Met  RX-OK RX-ERR RX-DRP RX-OVR  TX-OK TX-ERR TX-DRP TX-OVR Flg
eth0    1500   0    490    0    0    0    124    0    0    0 BMRU
lo     16436   0   3484    0    0    0   3484    0    0    0 LRU
```

示例 16：查询程序运行的端口

```
[root@localhost ~]# netstat -ap | grep cups
   tcp     0    0 localhost.localdomain:ipp   *:*         LISTEN  3107/cupsd
   udp     0    0 *:ipp                       *:*                 3107/cupsd
   unix    2    [ACC]       STREAM    LISTENING    10404  3107/cupsd
/var/run/cups/cups.sock
   unix    2    [ACC]       STREAM    LISTENING    18512  5287/eggcups
/tmp/orbit-root/linc-14a7-0-2adb1449bb643
   unix    3    [ ]         STREAM    CONNECTED    18550  5287/eggcups
   unix    3    [ ]         STREAM    CONNECTED    18517  5287/eggcups
   unix    3    [ ]         STREAM    CONNECTED    18515  5287/eggcups
/tmp/orbit-root/linc-14a7-0-2adb1449bb643
   unix    3    [ ]         STREAM    CONNECTED    18510  5287/eggcups
   unix    3    [ ]         STREAM    CONNECTED    18106  5287/eggcups
   unix    3    [ ]         STREAM    CONNECTED    18101  5287/eggcups
```

（4）hostname 命令

hostname 命令用于设置和查看主机名。

命令格式：hostname [主机名]

示例 17：设置并显示主机名。

```
[root@localhost ~]# hostname test
[root@localhost ~]# su
[root@test ~]# hostname
test
```

（5）route 命令

route 命令用于查看路由表，或增加和删除路由条目。

命令格式：route [add|del] [-net|-host] target [netmask Nm] [gw Gw] [[dev] If]

主要选项：

add| del：添加或删除一条路由规则；

-net|-host：目的地址是一个网络或一台主机；

target：目的网络或主机；

netmask：目的地址的网络掩码；

gw：路由数据包通过的网关；

dev：为路由指定的网络接口。

示例 18：显示当前路由。

```
[root@localhost ~]# route
Kernel IP routing table
Destination     Gateway         Genmask         Flags Metric Ref    Use Iface
192.168.1.0     *               255.255.255.0   U     0      0        0 eth0
10.10.10.0      192.168.1.1     255.255.0.0     UG    0      0        0 eth0
default         192.168.1.240   0.0.0.0         UG    0      0        0 eth0
```

在输出信息中通常第四行表示主机所在网络的地址如：192.168.1.0，最后一行为默认网关 192.168.1.240。其中，Flags 为路由标志，标记当前网络结点的状态。

Flags 标志说明：

U：Up 表示此路由当前为启动状态；

H：Host，表示此网关为一主机；

G：Gateway，表示此网关为一路由器；

R：Reinstate Route，使用动态路由重新初始化的路由；

D：Dynamically，此路由是动态性地写入；

M：Modified，此路由是由路由守护程序或导向器动态修改；

!：表示此路由当前为关闭状态。

示例 19：添加一条到达 244.0.0.0 的路由。

```
[root@localhost ~]# route add -net 224.0.0.0 netmask 240.0.0.0 dev eth0
[root@localhost ~]# route
Kernel IP routing table
```

```
Destination     Gateway         Genmask         Flags Metric Ref    Use Iface
192.168.120.0   *               255.255.255.0   U     0      0      0 eth0
192.168.0.0     192.168.1.1     255.255.0.0     UG    0      0      0 eth0
10.0.0.0        192.168.1.1     255.0.0.0       UG    0      0      0 eth0
224.0.0.0       *               240.0.0.0       U     0      0      0 eth0
default         192.168.1.240   0.0.0.0         UG    0      0      0 eth0
```

示例 20：屏蔽一条路由。

```
[root@localhost ~]# route add -net 224.0.0.0 netmask 240.0.0.0 reject
[root@localhost ~]# route
Kernel IP routing table
Destination     Gateway         Genmask         Flags Metric Ref    Use Iface
192.168.120.0   *               255.255.255.0   U     0      0      0 eth0
192.168.0.0     192.168.120.1   255.255.0.0     UG    0      0      0 eth0
10.0.0.0        192.168.120.1   255.0.0.0       UG    0      0      0 eth0
224.0.0.0       -               240.0.0.0       !     0      -      0 -
224.0.0.0       *               240.0.0.0       U     0      0      0 eth0
default         192.168.120.240 0.0.0.0         UG    0      0      0 eth0
```

示例 21：删除路由记录。

```
[root@localhost ~]# route
Kernel IP routing table
Destination     Gateway         Genmask         Flags Metric Ref    Use Iface
192.168.120.0   *               255.255.255.0   U     0      0      0 eth0
192.168.0.0     192.168.120.1   255.255.0.0     UG    0      0      0 eth0
10.0.0.0        192.168.120.1   255.0.0.0       UG    0      0      0 eth0
224.0.0.0       -               240.0.0.0       !     0      -      0 -
224.0.0.0       *               240.0.0.0       U     0      0      0 eth0
default         192.168.120.240 0.0.0.0         UG    0      0      0 eth0
[root@localhost ~]# route del -net 224.0.0.0 netmask 240.0.0.0
[root@localhost ~]# route
Kernel IP routing table
Destination     Gateway         Genmask         Flags Metric Ref    Use Iface
192.168.120.0   *               255.255.255.0   U     0      0      0 eth0
192.168.0.0     192.168.120.1   255.255.0.0     UG    0      0      0 eth0
10.0.0.0        192.168.120.1   255.0.0.0       UG    0      0      0 eth0
224.0.0.0       -               240.0.0.0       !     0      -      0 -
default         192.168.120.240 0.0.0.0         UG    0      0      0 eth0
[root@localhost ~]# route del -net 224.0.0.0 netmask 240.0.0.0 reject
```

```
[root@localhost ~]# route
Kernel IP routing table
Destination     Gateway         Genmask         Flags Metric Ref    Use Iface
192.168.120.0   *               255.255.255.0   U     0      0      0 eth0
192.168.0.0     192.168.120.1   255.255.0.0     UG    0      0      0 eth0
10.0.0.0        192.168.120.1   255.0.0.0       UG    0      0      0 eth0
default         192.168.120.240 0.0.0.0         UG    0      0      0 eth0
```

示例 22：添加默认网关。

```
[root@localhost ~]# route add default gw 192.168.1.240
[root@localhost ~]# route
Kernel IP routing table
Destination     Gateway         Genmask         Flags Metric Ref    Use Iface
192.168.120.0   *               255.255.255.0   U     0      0      0 eth0
192.168.0.0     192.168.1.1     255.255.0.0     UG    0      0      0 eth0
10.0.0.0        192.168.1.1     255.0.0.0       UG    0      0      0 eth0
```

示例 23：删除默认网关。

```
[root@localhost ~]# route del default gw 192.168.1.240
[root@localhost ~]# route
Kernel IP routing table
Destination     Gateway         Genmask         Flags Metric Ref    Use Iface
192.168.120.0   *               255.255.255.0   U     0      0      0 eth0
192.168.0.0     192.168.120.1   255.255.0.0     UG    0      0      0 eth0
10.0.0.0        192.168.120.1   255.0.0.0       UG    0      0      0 eth0
default         192.168.120.240 0.0.0.0         UG    0      0      0 eth0
```

3. 网络配置文件

Linux 网络配置的信息需要写入相关配置文件才会持续有效，采用 ifconfig、route 命令配置的信息往往是临时的，不具有持久性，随着系统的重启会失效。因此，需要持久地保持配置信息的有效效果必须通过修改相关配置文件来达到。

网络配置文件视频

（1）/etc/sysconfig/network 文件

```
NETWORKING=yes
HOSTNAME=hostname
GATEWAY=192.168.1.1
```

此文件用于设置主机名及能否启动网络，更改主机名后重启系统才能生效。

NETWORKING 表示启动或停止网络；yes 表示启动网络；no 表示关闭网络，HOSTNAME 为主机名；GATEWAY 为默认网关。

（2）/etc/sysconfig/network-scripts/ifcfg-eth0 文件

```
DEVICE=eth0
```

```
HWADDR=45:09:3D:83:2F:12
BOOTPROTO=static
IPADDR=192.168.1.10
NETMASK=255.255.255.0
NETWORK=192.168.1.0
BROADCAST=192.168.1.255
GATEWAY=192.168.1.1
ONBOOT=yes
MTU=1500
```

其中，DEVICE：设备名称，此处等号后面的具体设备名称必须为文件名（ifcfg-eth0）的设备名称（网络的设备文件名为 ethX，X 从 0 开始 eth0 为第一个网络设备，依此类推）。

BOOTPROTO 表示启动该网络接口时使用哪种协议：none（引导时不使用协议），static（静态分配，手动设置 IP 时用），dhcp（DHCP 协议，自动设置 IP 时用），bootp（bootp 协议）。

GATEWAY 代表默认网关，如果在多网卡状态下，即有多个配置文件（ifcfg-eth0、ifcfg-eth1）不能重复设置，只需在其中一个文件中设置网关即可。

HWADDR 为网卡的 MAC 地址。

IPADDR 为 IP 地址。

NETMASK 为子网掩码。

NETWORK 为网段设置。

（3）/etc/resolv.conf 文件

```
nameserver 192.168.1.1
nameserver 8.8.8.8
```

此文件是用于设置 DNS 服务器 IP（域名解析服务器）的文件。第一行为主 DNS 服务器地址，第二行为辅 DNS 服务器地址。

（4）/etc/hosts 文件

```
127.0.0.1    hostname    localhost.domain.domain    localhost
```

此文件可以记录计算机的 IP 对应的主机名称或主机的别名。

5.1.2 DHCP 服务

在网络规模很小的情况下，可以为每台主机设置静态 IP 地址，但随着网络规模的扩大，设置大量的静态 IP 地址会带来较大的工作量和维护难度，因此在主机数量较多时采用动态分配 IP 地址的方法更为有效。DHCP（Dynamic Host Configuration Protocal，动态主机配置协议）服务就是用于自动配置主机的 IP 地址、子网掩码、网关及 DNS 等 TCP/IP 信息。

1. DHCP 服务的工作原理

DHCP 网络服务的结构中包括服务器和客户机。DHCP 的工作过程是一台客户机申请 IP 信息和服务器响应并返回信息的过程，其工作原理如图 5.15 所示。

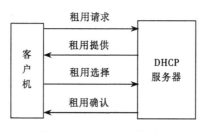

图 5.15 DHCP 工作原理

DHCP 客户机首次登录网络,没有任何 IP 信息设置,客户机会以广播的方式发送请求数据包;DHCP 服务器接收到请求后,从可用的地址中选择 IP 地址发送给客户机,如果网络中存在多台 DHCP 服务器,多台服务器都可能会受到请求包并返回 IP 地址,此时客户端会选择最先收到的 IP 地址,并向服务器发送数据确认选择哪一台服务器提供的 IP 地址,同时查询网络上是否有主机已经使用该 IP 地址,如果已经被占用,客户机放弃该 IP 地址,并再次发出请求;在将地址分配给客户端后,DHCP 服务器会发送一个 DHCP ACK 消息,以确认 IP 租约正式生效,结束完整的 DHCP 工作过程。

DHCP 服务器的安装与配置视频

2. 安装 DHCP 服务器

默认状态 RHLE 没有安装 DHCP 服务器,只安装了客户端程序,因此需要安装服务器程序,可以挂载安装光盘,在 Server 目录中找到安装程序,进行安装。

```
[root@localhost ~]# rpm -qa|grep dhcp
dhcpv6-client-1.0.10-18.el5
[root@localhost ~]# cd /media/RHEL_5.5\ i386\ DVD/Server/
[root@localhost Server]# rpm -ivh dhcp-3.0.5-23.el5.i386.rpm
Preparing...        ########################################### [100%]
1:dhcp              ########################################### [100%]
```

其中,dhcpv6-client-1.0.10-18.el5 文件为 DHCP 客户端程序;dhcp-3.0.5-23.el5.i386.rpm 包为 DHCP 服务器主程序安装包,包含 DHCP 服务和中继代理程序。

3. DHCP 服务配置

DHCP 服务器搭建的基本步骤如下:

(1)在配置文件 dhcpd.conf 中设定 IP 作用域

```
#[root@localhost Server]# cp /usr/share/doc/dhcp-3.0.5/dhcpd.conf.sample /etc/dhpd.conf
    cp:是否覆盖"/etc/dhcpd.conf"?y
配置文件模板如下:
    ddns-update-style interim:      #配置 DHCP-DNS 交互更新模式
    ignore client-updates:          #忽略客户端更新
    #此处以上为全局配置
    subnet 192.168.0.0 netmask 255.255.255.0 {
    #subnet 为子网 IP 地址网段
```

```
# --- default gateway
        option routers                  192.168.0.1;
        option subnet-mask              255.255.255.0;

        option nis-domain               "domain.org";
        option domain-name              "domain.org"; #默认域名服务器名称
        option domain-name-servers      192.168.1.1;#默认域名服务器IP地址

        option time-offset              -18000; # Eastern Standard Time
#       option ntp-servers              192.168.1.1;
#       option netbios-name-servers     192.168.1.1;
# --- Selects point-to-point node (default is hybrid). Don't change this unless
# -- you understand Netbios very well
#       option netbios-node-type 2;
        range dynamic-bootp 192.168.0.128 192.168.0.254; #可分配的IP地址区间
        default-lease-time 21600; #默认租约时间（单位：秒）
        max-lease-time 43200;#最大租约时间（单位：秒）
        # we want the nameserver to appear at a fixed address
#以下为地址绑定设置内容
        host ns {#绑定主机的主机名
                next-server marvin.redhat.com;
                hardware ethernet 12:34:56:78:AB:CD; #被绑定主机MAC地址
                fixed-address 207.175.42.254;#绑定的主机IP地址
        }
}
```

该模板文件只包含 DHCP 服务配置主要部分项目。

（2）建立租约数据库文件

运行 DHCP 服务需要租约数据库文件（dhcp.leases）用于存储已经使用的 IP 地址信息。一般情况下通过 RPM 方式安装 DHCP，该文件已经存储在/var/lib/dhcp 目录中。

（3）启动 dhcpd 服务

查询 DHCP 服务运行状态：

```
[root@localhost ~]# service dhcpd status
dhcpd 已停
```

如果停止，使用 start 参数启动该服务：

```
[root@localhost ~]# service dhcpd start
启动 dhcpd:                                             [确定]
```

如果已经启动，可以采用 restart 参数重新启动该服务，再修改配置文件后必须通过重启服务才会生效。

```
[root@localhost ~]# service dhcpd restart
```

```
关闭 dhcpd:                                              [确定]
启动 dhcpd:                                              [确定]
```

5.2 项目实施

设置网络基本参数,使虚拟机能够访问互联网(虚拟网络建议设置为桥接模式,便于访问外网)。

某公司有 150 台计算机,采用 192.168.74.0/24 网段给技术部使用,路由器 IP 地址为 192.168.74.10,DNS 服务器 IP 地址为 192.168.74.11,DHCP 服务器为 192.168.74.12,客户端地址范围为 192.168.74.20~192.168.74.200,子网掩码为 255.255.255.0,总工程师的计算机使用的固定 IP 地址为 192.168.74.30,部门经理的计算机使用的固定 IP 地址为 192.168.74.36。

图形界面配置
网络案例视频

5.2.1 图形界面配置网络参数

图形界面配置网络参数比较简单,主要涉及 IP 地址设置和 DNS 地址设置,参照图 5.16 所示设置 IP 地址信息,参照图 5.17 设置 DNS 信息,具体参数可以根据自己的实际环境进行更改。

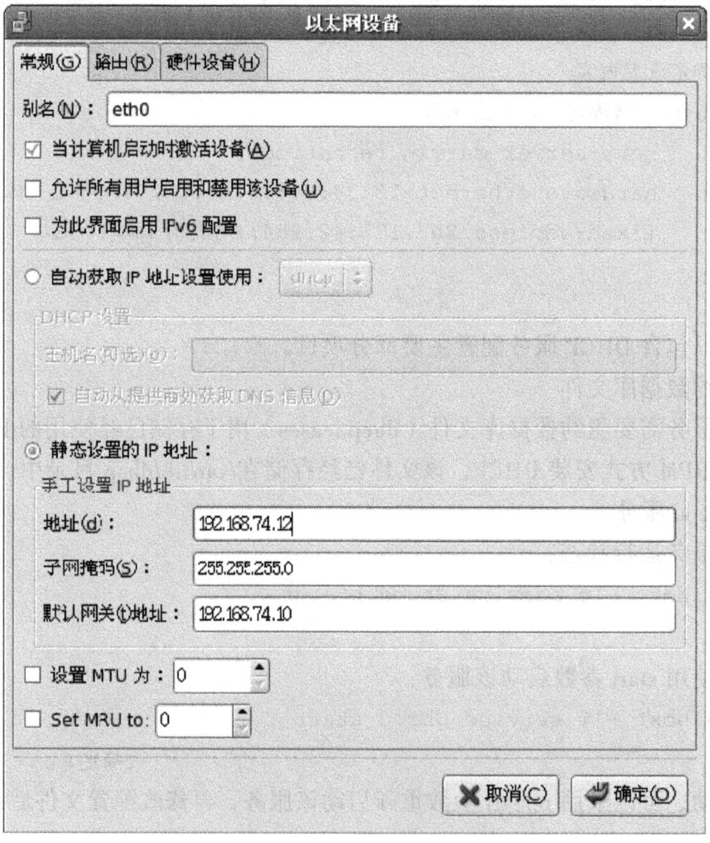

图 5.16 设置 eth0 的静态 IP 地址

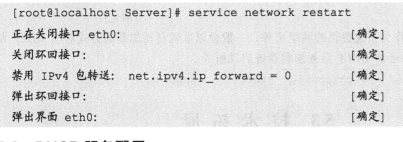

图 5.17 设置主机名和 DNS 服务器信息

5.2.2 命令配置网络参数

1. 配置网络 IP 地址

```
[root@localhost ~]# ifconfig eth0 192.168.1.10 netmask 255.255.255.0
```

采用命令配置只能够临时有效，如果需要长期有效，可修改配置文件。

命令配置网络参数案例视频

2. 修改 DNS 客户端文件并添加 DNS 服务器地址

```
[root@localhost ~]# vi /etc/resolv.conf
```

在该文件中添加以下内容：

```
search localdomain
nameserver 192.168.100.180
nameserver 61.134.1.4
```

3. 重启网络服务

```
[root@localhost Server]# service network restart
正在关闭接口 eth0：                                          [确定]
关闭环回接口：                                              [确定]
禁用 IPv4 包转送： net.ipv4.ip_forward = 0                   [确定]
弹出环回接口：                                              [确定]
弹出界面 eth0：                                             [确定]
```

5.2.3 DHCP 服务配置

根据该公司网络地址分配情况修改配置文件 dhcpd.conf 配置全局和局部配置信息，在局部配置信息中声明 192.168.74.0/24 网段，并设置 IP 地址池

DHCP 服务配置案例视频

192.168.74.20～192.168.74.200 用于分配给客户端，最后是两个固定 IP 地址的绑定设置。

```
ddns-update-style interim:
ignore client-updates:
#此处以上为全局配置
#subnet 为子网 IP 地址网段
subnet 192.168.74.0 netmask 255.255.255.0 {
#默认网关
        option routers                  192.168.74.10;
        option subnet-mask              255.255.255.0;

#默认域名服务器名称
        option domain-name              "hongyi.net";
#默认域名服务器 IP 地址
option domain-name-servers              192.168.74.11;
#IP 地址池
        range dynamic-bootp 192.168.74.20 192.168.0.200;
#IP 地址绑定设置
        host admin {#绑定主机的主机名
            hardware ethernet 00:FF:E9:C7:2A:1F; #被绑定主机MAC 地址
            fixed-address 192.168.74.30;#绑定的主机 IP 地址
        }
        host manager {#绑定主机的主机名
            hardware ethernet 20:68:9D:1C:18:3F; #被绑定主机MAC 地址
            fixed-address 192.168.74.36;#绑定的主机 IP 地址
        }

}
```

确认租约数据库文件/var/lib/dhcpd/dhcpd.leases 存在，并重启 DHCP 服务。

```
[root@localhost ~]# service dhcpd restart
关闭 dhcpd:                                         [确定]
启动 dhcpd:                                         [确定]
```

DHCP 服务一旦作为系统提供的网络服务，一般会以系统自动加载的方式启动 DHCP 服务，使用 chkconfig 命令将 DHCP 服务加载系统启动服务。

```
[root@localhost ~]# chkconfig --level 35 dhcpd
```

5.3 技术拓展

5.3.1 远程登录 Linux

作为系统管理员，多数情况下不能直接在服务器机房里登录、管理和维护系统，经常会采用远程登录的方式进行管理。远程管理既有文本界面工具（telnet、ssh 等）也有图形界面工具（Xdmcp、VNC 等）。由于 telnet 的安全性能很差，因此现在已经很少在服务器系统维护时使用，但在设备维护中依然常用。图形界面工具虽然易用性很好，但毕竟因为消耗资源较多从而会影响系统性能，也很少在专业的运维中采用。Windows 系统远程登录 Linux，通过 SecureCRT、Putty、SSH Secure Shell 等软件来完成，下面通过 PuTTY 登录远程服务器。

双击运行 PuTTY 后，打开配置窗口，如图 5.18 所示。在打开的窗口中输入主机名或者 IP 地址，端口默认 22。连接类型有 5 种：Raw、Telnet、Rlogin、SSH 和 Serial，默认为 SSH。为了方便连接，可以将会话命名并保存，单击 Open 按钮后开始连接远程服务器，连接成功后会打开远程登录窗口（见图 5.19），在该窗口内输入用户名和口令即可登录系统。

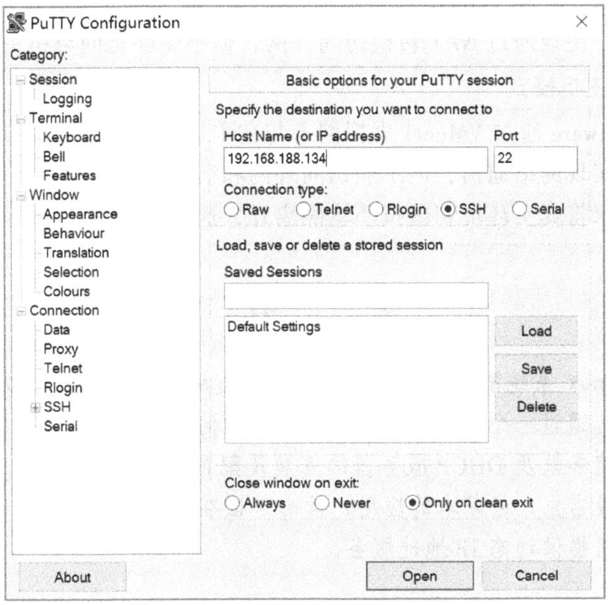

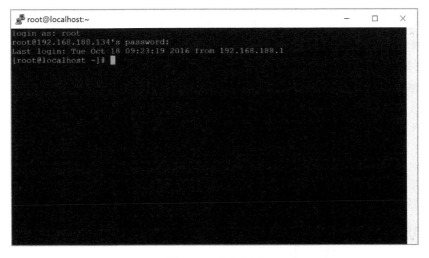

图 5.18　PuTTY 配置窗口

图 5.19　登录窗口

5.3.2 虚拟机的网络模式

在使用虚拟机学习 Linux 系统应用时，经常会涉及虚拟机和宿主操作系统之间的网络连通，以下以 VMware 为例介绍虚拟机所使用的主要网络模式，其他的虚拟机软件的虚拟网络模式与之类似。VMware 的虚拟网络模式主要有 3 种：

1. 桥接模式

使用桥接模式的虚拟操作系统和宿主操作系统就像连接在同一台交换机上，设置与宿主操作系统在同一网段的 IP 地址与子网掩码后，就可以像在局域网中一样相互访问。

2. NAT 模式

NAT 模式下 VMware 通过 VMnet8 虚拟网卡的 DHCP 服务器提供虚拟系统的 TCP/IP 配置信息，虚拟机可以很方便地通过 NAT 转换访问外网，但不能够访问与宿主机同网段的主机。

3. Host-only 仅主机模式

仅主机模式下 VMware 通过 VMnet1 虚拟网卡与宿主机之间建立的虚拟子网，所有的虚拟机与宿主机之间可以实现网络通信，但不能访问外网和宿主机所在的局域网。在一些特殊的网络调试环境中，要求将真实环境和虚拟环境隔离开，这时采用 Host-only 模式。

小 结

本项目介绍了 Linux 系统的网络管理及在网络中使用 DHCP 的具体方法，主要包括 IP 地址设置和 DNS 配置。通过一个项目实例详细介绍了如何在图形界面方式配置网络参数和在命令行方式下配置网络参数及 DHCP 服务器的安装及配置。

DHCP 是网络中最常见、最基本的应用，读者可以在 Linux 系统中架设一台 DHCP 服务器，为局域网中的主机提供动态 IP 地址服务。

练 习

1. 利用虚拟机的桥接模式，将虚拟机连入局域网，根据局域网的 IP 地址设置虚拟机 IP 地址，并通过访问外网进行测试。要求通过命令和修改配置文件两种方式分别实现。

2. 搭建 DHCP 服务，为子网 A 内的客户机提供 DHCP 服务。具体参数如下：

（1）IP 地址段：192.168.1.11.100～192.168.11.200；
（2）子网掩码：255.255.255.0；
（3）网关地址：192.168.1.254；
（4）域名服务器：192.168.0.1；
（5）子网所属域的名称：hongyi.net；
（6）默认租约有效期：1 天；
（7）最大租约有效期：3 天；
（8）对 192.168.1.50 进行地址绑定。

请写出详细方案，并上机实现。

项目 6 DNS 配置与管理

企业网络不断发展过程中会有越来越多的服务和应用建立起来,原有的采用主机 IP 地址访问服务与应用的方式势必带来很大的限制,因此,需要为企业构建自己的域名解析服务,实现对更多服务与应用的方便访问。

6.1 技 术 准 备

6.1.1 DNS 服务的工作原理

DNS(Domain Name System)是域名系统的简称,也被称为域名解析,是互联网中最重要的服务之一,DNS 服务提供域名与 IP 地址之间的相互转换,方便用户记忆和管理主机信息。

1. DNS 的工作原理

在因特网上 DNS 服务是由数量众多的服务器共同完成,这些服务器是按照层次分布,每个服务器只负责部分区域。按照位置和功能可以将所有 DNS 服务器分为 4 类:根域名服务器、顶级域名服务器、权限域名服务器、本地域名服务器。

① 根域名服务器:在整个域名服务的最顶层,存储着所有的顶级域名服务器的域名和 IP 地址。其他域名服务器可以从根域名服务器上获得相关解析。

② 顶级域名服务器:负责管理在该顶级域名服务器注册的二级域名。

③ 权限域名服务器:负责一个区的域名服务器。

④ 本地域名服务器:严格意义上讲本地服务器不属于域名服务器的层次结构,但是它对域名系统非常重要。当一个主机发出 DNS 查询请求时,这个查询请求报文就发送给本地域名服务器。

客户端向 DNS 查询有两种方式:递归查询和迭代查询。

① 递归查询:客户端主机首先向本地域名服务器请求查询,如果本地域名服务器没有所查询域名的 IP 地址,本地域名服务器将以 DNS 客户的身份,向根域名服务器发出查询请求,如果找到则返回查询 IP 地址,否则返回错误。

② 迭代查询:客户端主机首先向本地域名服务器请求查询,如果本地域名服务器没有所查询域名的 IP 地址,本地域名服务器将以 DNS 客户的身份,向根域名服务器发出查询请求,根域名服务器将给出所要查询的 IP 地址或向本地服务器返回到哪个域名服务器查询的信息,本地服务器进行后续查询,这个过程还会在接下来在顶级域名服务器的查询过程中有重复的可能。

在 Internet 上主机域名结构为:主机名.三级域名.二级域名.顶级域名。

2. DNS 相关概念

（1）正向解析与反向解析

在 DNS 系统中有两种解析方式：正向解析是指域名到 IP 地址的解析过程；反向解析是从 IP 地址到域名的解析过程。反向解析的作用为服务器的身份验证。

（2）资源记录

DNS 服务器的信息数据，通常按照分类进行存储。在 DNS 解析的过程中，服务器通过查询它们的区（又叫 DNS 数据库文件或简单数据库文件）实现解析客户端的 DNS 请求。区中包含组成相关 DNS 域资源信息的资源记录（RR）。以下是区文件中常用的记录：

① SOA 资源记录：每个区在区的开始处都包含了一个起始授权记录（Start of Authority Record, SOA）。SOA 定义了域的全局参数，进行整个域的管理设置。一个区域文件只允许存在唯一的 SOA 记录。

② NS 资源记录：名称服务器（NS）资源记录表示该区的授权服务器，它们表示 SOA 资源记录中指定的该区的主服务器和辅助服务器，也表示了任何授权区的服务器。每个区在区根处至少包含一个 NS 记录。

③ A 资源记录：地址（A）资源记录把 FQDN 映射到 IP 地址，因而解析器能查询 FQDN 对应的 IP 地址。

④ PTR 资源记录：相对于 A 资源记录，指针（PTR）记录把 IP 地址映射到 FQDN。

⑤ CNAME 资源记录：规范名字（CNAME）资源记录创建特定 FQDN 的别名。用户可以使用 CNAME 记录来隐藏用户网络的实现细节，使连接的客户机无法知道。

⑥ MX 资源记录：邮件交换（MX）资源记录为 DNS 域名指定邮件交换服务器。邮件交换服务器是为 DNS 域名处理或转发邮件的主机。处理邮件指把邮件投递到目的地或转交另一不同类型的邮件传送者。转发邮件指把邮件发送到最终目的服务器，用简单邮件传输协议 SMTP 把邮件发送给离最终目的地最近的邮件交换服务器，或使邮件经过一定时间的排队。

（3）区文件

在 DNS 服务器中用于包含区资源记录的文件，多数情况下为文本文件。选择 DNS 服务器为授权服务器，管理该区域。

6.1.2 DNS 配置文件

1. BIND 简介

BIND 是一款开源的 DNS 服务器软件，由美国加州大学 Berkeley 分校开发和维护，全名为 Berkeley Internet Name Domain，是目前世界上使用最广泛的 DNS 服务器软件。BIND 主要有 4 个版本：BIND4、BIND8、BIND9 和 BIND10（已更名为 Buncly），但 BIND 9 的普及度更高。

2. DNS 服务的安装

① bind-9.3.3-10.el5.i386.rpm：该包为 DNS 服务的主程序包。服务器端必须安装该软件包，后面的数字为版本号。

② bind-utils-9.3.3-10.el5.i386.rpm：该包为客户端工具，默认安装，用于搜索域名指令。

示例 1：安装 bind 包和图形配置界面包。

```
[root@localhost Server]# rpm -ivh bind-9.3.6-4.P1.el5_4.2.i386.rpm
[root@localhost Server]# rpm -ivh system-config-bind-4.0.3-4.el5.noarch.rpm
```

示例 2：查询已安装的 bind 包。

```
[root@localhost Server]# rpm -qa|grep bind
bind-libs-9.3.6-4.P1.el5_4.2
bind-utils-9.3.6-4.P1.el5_4.2
ypbind-1.19-12.el5
bind-9.3.6-4.P1.el5_4.2
```

3. BIND 配置步骤

一般情况下 DNS 服务器配置分为以下几步完成：

① 修改主配置文件 named.conf，设置 DNS 服务器能够管理的区域（Zone）以及该区域所对应的区域文件名和存放路径。

② 按照 named.conf 文件中指定的路径建立区域文件，该文件主要记录该区域内的资源记录。

③ 重启动 named 服务使用配置生效。

（1）主配置文件 named.conf

named.conf 包含了 BIND 的基本配置，如 DNS 服务器的工作目录所在位置，所管理的区域以及区域文件路径等信息，但该文件不包括具体的区域数据。named.conf 文件模板包含在 caching-nameserver-9.3.3-10.el5.i386.rpm 包中，通过安装该包可以获得配置文件模板。

```
[root@localhost Server]# rpm -ivh caching-nameserver-9.3.6-4.P1.el5_
4.2.i386.rpm
```

示例 3：named.conf 的内容及说明。

```
// Red Hat BIND Configuration Tool
//
// Default initial "Caching Only" name server configuration
//
options {
        directory "/var/named";
        dump-file "/var/named/data/cache_dump.db";
        statistics-file "/var/named/data/named_stats.txt";
        /*
         * If there is a firewall between you and nameservers you want
         * to talk to, you might need to uncomment the query-source
         * directive below.  Previous versions of BIND always asked
         * questions using port 53, but BIND 6.1 uses an unprivileged
         * port by default.
         */
        // query-source address * port 53;
};
```

```
zone "." IN {
    type hint;
    file "named.root";
};
zone "localdomain." IN {
    type master;
    file "localdomain.zone";
    allow-update { none; };
};
zone "localhost." IN {
    type master;
    file "localhost.zone";
    allow-update { none; };
};
zone "0.0.127.in-addr.arpa." IN {
    type master;
    file "named.local";
    allow-update { none; };
};
zone    "0.0.0.0.0.0.0.0.0.0.0.0.0.0.0.0.0.0.0.0.0.0.0.0.0.0.0.0.0.0.0.
ip6.arpa." IN {
    type master;
    file "named.ip6.local";
    allow-update { none; };
};
zone "255.in-addr.arpa." IN {
    type master;
    file "named.broadcast";
    allow-update { none; };
};
zone "0.in-addr.arpa." IN {
    type master;
    file "named.zero";
allow-update { none; };
};
include "/etc/rndc.key";
```

options 中包含一个 directory 字段，用于定义服务器的工作目录，该目录存放区域数据文件，配置文件中所有相对路径的路径名都基于此目录。如果没有指定目录，默认为 BIND 启动的目录。

以 zone 开头定义的部分为区域，如 zone "test.com." 表示名为 test.com 的区域，在添加一个区域以及相关资源记录后，DNS 服务器就能够解析相应区域的 DNS 信息。在区域定义中，有两个字段：

① type 字段：用于指定区域类型，常见类型为 master 和 slave，master 为主 DNS 服务器，包含区域数据文件，并对此区域提供管理数据；slave 为辅助 DNS 服务器，有主 DNS 服务器的区域数据文件的副本，并从主 DNS 服务器同步所有区域数据。

② file 字段：其后的字符用于指定该区域的区域文件名称。

zone 定义的区域主要有正向解析区域（如 zone "test.com."）和反向解析区域（如 zone "0.166.192.in-addr.arpa"）。在模板文件中往往还包含根域解析等内容。

（2）正向解析区域文件

在安装了 bind 配置文件模板后，正向解析文件模板为/var/named/localhost.zone，可以在该文件基础上进行修改和添加相关信息，实现正向解析。

示例 4：显示正向解析文件模板。

```
[root@localhost ~]# cat /var/named/localhost.zone
$TTL    86400
@       IN SOA  @       root (
                        42         ; serial (d. adams)
                        3H         ; refresh
                        15M        ; retry
                        1W         ; expiry
                        1D )       ; minimum
        IN NS           @
        IN A            127.0.0.1
        IN AAAA         ::1
```

① 区域文件用于为 DNS 解析提供资源记录，这些数据其中包括多种记录类型（如 SOA、NS、A）。

② $TTL 用于指定这个域的保留时间。

③ SOA 表示授权域的起始，@是该域的替代符，IN 资源记录为授权机构记录。

示例 5：添加 SOA 授权信息。

```
$TTL    86400
@       IN SOA  dns.example.com.  root.localhost (
                        42         ; serial (d. adams)
                        3H         ; refresh
                        15M        ; retry
                        1W         ; expiry
                        1D )       ; minimum
```

（3）NS 记录

NS 记录用于指定一个区域 DNS 服务器。

示例 6：添加 DNS 服务器的一个 NS 记录。

```
@                IN NS          dns.example.com.
```

（4）资源记录 A

A 表示资源记录，用于将指定的主机名称解析为它们对应的 IP 地址。

示例 7：添加资源记录（主机名与 IP 地址之间的对应关系）。

```
dns              IN A           192.166.1.10
www              IN A           192.166.1.11
```

（5）反向解析区域文件

/var/named/named.local 为反向解析文件模板。

示例 8：显示反响解析文件模板。

```
[root@localhost ~]# cat /var/named/named.local
$$TTL    86400
@       IN      SOA     localhost. root.localhost. (
                                1997022700    ; Serial
                                28800         ; Refresh
                                14400         ; Retry
                                3600000       ; Expire
                                86400 )       ; Minimum
        IN      NS      localhost.
1       IN      PTR     localhost.
```

（6）PTR 记录

PTR 记录为 IP 地址与主机名之间的对应关系，前面的数字为 IP 地址的最后一位。

示例 9：设置 PTR 记录。

IP 地址：x.x.x.11，与主机名为 www 的主机之间的对应。

```
11      IN      PTR     www.
```

6.2 项目实施

企业信息化建设过程中，构建 DNS 服务器并创建自己的企业域名管理，完成以下任务：

① 安装 DNS 服务及图形管理界面。

② 为企业创建自己的相关域名管理：企业网站域名 www.hongyi.net、企业办公自动化系统 oa.hongyi.net、企业客户管理系统 crm.hongyi.net、企业电子商务网站 sale.hongyi.net。

6.2.1 图形界面配置 DNS

RHEL 提供图形化界面配置 DNS 服务，通过安装配置工具：

```
[root@localhost Server]# rpm -ivh system-config-bind-
4.0.3-4.el5.noarch.rpm
```

图形界面配置 DNS 视频

① 安装后在系统菜单中通过以下路径（"系统"→"管理"→"服务器设置"→"域名服务系统"，见图 6.1），打开"DNS 服务配置 GUI"窗口，如图 6.2 所示。

项目 6 DNS 配置与管理

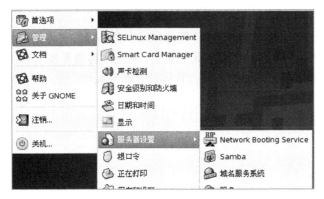

图 6.1 域名服务器菜单

图 6.2 "BIND 配置 GUI"窗口

② 选中列表中的"DNS 服务器",单击"新建"按钮,选择"网络区域",如图 6.3 所示,在弹出的"新网络区域"中依次从左到右单击"确定"按钮,创建 Class 为"IN 互联网",来源类型为"正向",网络区域类型为 master,如图 6.4 和图 6.5 所示。

图 6.3 新建网络区域　　图 6.4 创建正向区域——Class 类型　图 6.5 创建正向区域——来源类型

③ 在"正向网络区域来源"中填写区域名称"hongyi.net."(注意域名最后有一个"."

141

不能丢失，此点表示根域），单击"确定"按钮创建正向区域，如图 6.6 所示。

④ 在打开的"新网络区域"窗口的"网络区域文件路径"文本中设置区域文件名与路径，默认区域文件名为区域名称，也可在此处设置"权威名称服务器"，其他内容可以按照默认设置，然后单击"确定"按钮创建区域，具体设置如图 6.7 所示。

图 6.6　输入区域名称

图 6.7　设置网络区域权威信息

⑤ 在刚创建的区域上右击，在弹出的快捷菜单中添加 IPv4 地址，如图 6.8 所示。

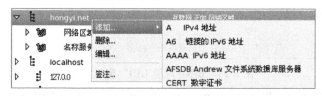
图 6.8　添加 IPv4 地址

⑥ 在弹出的"IPv4 地址"对话框中设置域名"www.hongyi.net."和 IP 地址"192.168.1.106"，同时选中"创建逆向映射记录"复选框，并单击"确定"按钮完成域名与 IP 地址的映射关系，如图 6.9 所示。如果没有选中"创建逆向映射记录"复选框，需要自己创建反向区域。

图 6.9　添加域名与 IP 地址

⑦ 按照以上操作步骤创建完成后的列表如图 6.10 所示。

图 6.10 创建完成的区域列表

⑧ 完成以上配置后，重启 DNS 服务并用 nslookup 进行测试。

```
[root@localhost Server]# service named restart
停止 named:                                              [确定]
启动 named:                                              [确定]
[root@localhost Server]# vi /etc/resolv.conf
nameserver 192.166.1.106
[root@localhost Server]# nslookup
> server
Default server: 192.166.1.106
Address: 192.166.1.106#53
> www.hongyi.net
Server:         192.166.1.106
Address:        192.166.1.106#53

Name:   www.hongyi.net
Address: 192.166.1.106
```

⑨ 若创建反向区域的设置过程，则需要重新新建网络区域，来源类型选择"IPV4 逆向"，操作步骤如图 6.11～图 6.14 所示。

图 6.11　创建逆向区域——Class 类型

图 6.12　创建逆向区域——来源类型

图 6.13　确定网络区域类型

图 6.14　创建 IPv4 逆向网络来源

⑩ 在图 6.15 中设置反向区域的权威信息，包括反向区域文件。

⑪ 在创建好的反向解析区域右击，在弹出的快捷菜单中添加 PTR 逆向地址映射，如图 6.16 所示。

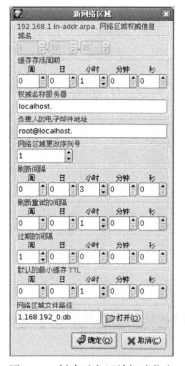

图 6.15　创建反向区域权威信息

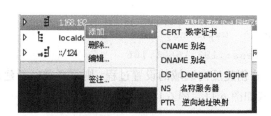

图 6.16　添加逆向地址映射

⑫ 在"PTR 逆向地址影射"对话框中设置主机名"www.hongyi.net.",在下面的选项中选中刚才设置的域名,单击"确定"按钮创建逆向地址映射,如图 6.17 所示。

图 6.17 配置逆向地址映射信息

6.2.2 修改配置文件配置 DNS 服务

修改方法如下:

① 修改主配置文件 named.conf。用 vi 编辑器编辑"/etc/named.conf"文件,在文件中添加正向解析区域(hongyi.com)和反向解析区域(1.166.192.in-addr.arpa.)信息。定义正向解析文件名称为 hongyi.zone,反向解析文件为 192.166.1.zone。

修改配置文件配置 DNS 服务视频

```
zone " hongyi.com" IN {
     type master;
     file "hongyi.zone";
};
zone "1.166.192.in-addr.arpa." IN {
     type master;
     file "192.166.1.zone ";
};
```

② 根据模板文件创建 hongyi.zone 的区域文件并编辑该文件,在文件中配置相关信息。

```
[root@localhost ~]# cp /var/named/localhost.zone /var/named/hongyi.zone
[root@localhost ~]# vi /var/named/hongyi.zone
$TTL     86400
@               IN SOA   dns.hongyi.net.  root.localhost(
                              42             ; serial (d. adams)
                              3H             ; refresh
                              15M            ; retry
                              1W             ; expiry
                              1D )           ; minimum
@               IN NS       dns.example.com.
```

```
dns        IN  A       192.166.1.106
www        IN  A       192.166.1.106
oa         IN  A       192.166.1.107
crm        IN  A       192.166.1.107
sale       IN  A       192.166.1.107
```

③ 根据模板文件创建 192.166.1.zone 的区域文件并编辑该文件，在文件中配置相关信息。

```
[root@localhost ~]# cp /var/named/named.local /var/named/192.166.1.zone
[root@localhost ~]# vi /var/named/192.166.1.zone
$TTL    86400
@       IN      SOA     dns.hongyi.net. root.localhost.(
                                42              ; Serial
                                28800           ; Refresh
                                14400           ; Retry
                                3600000         ; Expire
                                86400 )         ; Minimum
        IN      NS      dns.hongyi.net.
106     IN      PTR     dns.hongyi.net.
106     IN      PTR     www.hongyi.net.
107     IN      PTR     oa.hongyi.net.
107     IN      PTR     crm.hongyi.net.
107     IN      PTR     sale.hongyi.net.
```

6.3 技术拓展

6.3.1 DNS 服务测试命令

DNS 配置是否成功，可以通过多种测试方式进行。一般有两种途径检测 DNS 配置和运行过程中存在的问题：一是在配置过程中可以通过相关命令检查配置文件是否正确；二是配置完成后针对域名和地址进行测试与解析。

① named-checkconf 命令：用于检查主配置文件（named.conf）语法的正确性。

DNS 服务测试命令视频

示例 10：检查主配置文件语法的正确性。

```
[root@localhost ~]# named-checkconf /etc/named.conf
```

② named-checkzone 命令：用于检查区域文件语法的正确性。

```
[root@localhost ~]# named-checkzone -q fail /var/named/hongyi.zone
```

③ named 命令：bind 系统的检测工具之一，常用参数"-g"用于将服务在后台运行并强制所有日志输出到终端，通过该命令可以查看运行日志。

示例 11：查看实时日志。

```
[root@localhost ~]# named -g
28-Nov-2016 21:52:37.193 starting BIND 9.3.6-P1-RedHat-9.3.6-4.P1.el5_4.2 -g
28-Nov-2016 21:52:37.211 adjusted limit on open files from 1024 to 1048576
28-Nov-2016 21:52:37.212 found 1 CPU, using 1 worker thread
28-Nov-2016 21:52:37.212 using up to 4096 sockets
28-Nov-2016 21:52:37.216 loading configuration from '/etc/named.conf'
28-Nov-2016 21:52:37.217 using default UDP/IPv4 port range: [1024, 65535]
28-Nov-2016 21:52:37.217 using default UDP/IPv6 port range: [1024, 65535]
28-Nov-2016 21:52:37.219 listening on IPv4 interface lo, 127.0.0.1#53
28-Nov-2016 21:52:37.219 binding TCP socket: address in use
28-Nov-2016 21:52:37.219 listening on IPv4 interface eth0, 192.166.1.106#53
28-Nov-2016 21:52:37.219 binding TCP socket: address in use
28-Nov-2016 21:52:37.221 couldn't add command channel 127.0.0.1#953: address in use
28-Nov-2016 21:52:37.221 couldn't add command channel ::1#953: address in use
28-Nov-2016 21:52:37.221 ignoring config file logging statement due to -g option
28-Nov-2016 21:52:37.222 zone 0.in-addr.arpa/IN: loaded serial 42
28-Nov-2016 21:52:37.223 zone 0.0.127.in-addr.arpa/IN: loaded serial 1997022700
28-Nov-2016 21:52:37.223 zone 1.166.192.IN-ADDR.ARPA/IN: loading master file 192.166.1_5.db: file not found
28-Nov-2016 21:52:37.223 zone 255.in-addr.arpa/IN: loaded serial 42
28-Nov-2016 21:52:37.223 zone 0.0.0.0.0.0.0.0.0.0.0.0.0.0.0.0.0.0.0.0.0.0.0.0.0.0.0.0.0.0.0.0.ip6.arpa/IN: loaded serial 1997022700
28-Nov-2016 21:52:37.223 zone localdomain/IN: loaded serial 42
28-Nov-2016 21:52:37.224 zone localhost/IN: loaded serial 42
28-Nov-2016 21:52:37.224 zone hongyi.net/IN: loading master file hongyi.net_1.db: file not found
28-Nov-2016 21:52:37.224 running
```

④ nslookup 命令：用于查询域名服务器中的记录，可以查找到 DNS 记录的生存时间等信息，该命令常常以交互的方式进行查询，nslookup 命令也有非交互模式。

示例 12：查询域名。

```
[root@localhost ~]# nslookup www.hongyi.net
Server:         192.166.1.106
Address:        192.166.1.106#53
```

```
Name:           www.hongyi.net
Address:        192.166.1.106
```

⑤ dig 命令：比 nslookup 的功能更加强大且使用简单，可以查询单一或多个域名服务器。

示例 13：查询域名服务信息。

```
[root@localhost ~]# dig www.hongyi.net
; <<>> DiG 9.3.6-P1-RedHat-9.3.6-4.P1.el5_4.2 <<>> www.hongyi.net
;; global options: printcmd
;; Got answer:
;; ->>HEADER<<- opcode: QUERY, status: NOERROR, id: 48282
;; flags: qr aa rd ra; QUERY: 1, ANSWER: 1, AUTHORITY: 1, ADDITIONAL: 0
;; QUESTION SECTION:
;www.hongyi.net.                IN      A
;; ANSWER SECTION:
www.hongyi.net.         3600    IN      A       192.166.1.106
;; AUTHORITY SECTION:
hongyi.net.             3600    IN      NS      dns.hongyi.net.
;; Query time: 0 msec
;; SERVER: 192.166.1.106#53(192.166.1.106)
;; WHEN: Mon Nov 28 23:01:15 2016
;; MSG SIZE  rcvd: 66
```

示例 14：查看反向解析。

```
[root@localhost ~]# dig -x 192.166.1.106
; <<>> DiG 9.3.6-P1-RedHat-9.3.6-4.P1.el5_4.2 <<>> -x 192.166.1.106
;; global options: printcmd
;; Got answer:
;; ->>HEADER<<- opcode: QUERY, status: NOERROR, id: 43036
;; flags: qr aa rd ra; QUERY: 1, ANSWER: 1, AUTHORITY: 1, ADDITIONAL: 2
;; QUESTION SECTION:
;106.1.166.192.in-addr.arpa.            IN      PTR
;; ANSWER SECTION:
106.1.166.192.in-addr.arpa. 3600        IN      PTR     www.hongyi.net.
;; AUTHORITY SECTION:
1.166.192.in-addr.arpa. 3600            IN      NS      localhost.
;; ADDITIONAL SECTION:
localhost.              86400           IN      A       127.0.0.1
localhost.              86400           IN      AAAA    ::1
;; Query time: 0 msec
;; SERVER: 192.166.1.106#53(192.166.1.106)
;; WHEN: Mon Nov 28 23:03:34 2016
```

```
;; MSG SIZE  rcvd: 139
```
⑥ host 命令：可以查询域名和 IP 地址对应关系，以及 mx 记录等信息。
```
[root@localhost ~]# host www.hongyi.net
www.hongyi.net has address 192.166.1.106
[root@localhost ~]# host 192.166.1.106
106.1.166.192.in-addr.arpa domain name pointer www.hongyi.net.
```

6.3.2 DNS 辅助服务器和 DNS 缓存服务器

1. DNS 辅助服务器

DNS 辅助服务器的主要用途是在 DNS 主服务器出现故障或由于负载过大导致无法响应客户机请求时提供 DNS 服务，辅助服务器的区域数据从主服务器备份。一般情况下，主 DNS 服务器与辅助 DNS 服务器配置在不同子网区间，如果到一个子网的连接中断或服务器发生故障，客户机依然可以查询另一个子网上的 DNS 服务器。如果某个区域在远程有大量客户机，用户就可以在远程添加该区域的辅助服务器，并把远程的客户机配置成先查询这些服务器，这样就能防止远程客户机通过慢速链路通信来进行 DNS 查询。

DNS 辅助服务器配置过程与 DNS 主服务器基本一致，在主配置文件需要在类型中将其设置为 slave。

```
zone "test.com" IN {
        type slave;
        master { 192.166.1.100; };
        file "slave.test.com.zone";
};
zone "1.166.192.in-addr.arpa" IN {
        type slave;
        master { 192.166.1.100; };
        file "slave.test.com.local";
};
```

在客户端配置文件"/etc/resolv.conf"中添加辅助 DNS 服务器地址信息后才可以利用 DNS 辅助服务器。

2. DNS 缓存服务器

DNS 缓存服务器通过缓存 DNS 数据信息提高 DNS 访问速度，DNS 缓存服务器对任何域都不提供权威解析的域名服务器，只完成查询，并记住这些查询以备后续使用。搭建 DNS 缓存服务器时，参照通常的 DNS 服务器配置方法而不配置域即可。根据需要可以设置缓存大小和递归查询方式，实例如下：

```
option {
        directory "/var/named";
        pid-file "/var/run/named/named.pid";
        dump-file "/var/named/named.dump_db"
        datasize   800M;
```

```
                recursion  yes;

            zone "." IN {
                type hint;
                file "named.ca";
            };
```

配置文件中主要项目的意义如下：
① dump-fle：缓存存放文件；
② datasize：设置缓存大小；
③ recurson：允许递归查询。

小　　结

域名系统是 Internet 的基础应用之一，本项目详细介绍了安装配置 DNS 服务器的过程，包括设置 DNS 主配置文件 named.conf，设置正向解析和反向解析区文件的方法等。最后，通过一个项目实例，介绍了通过图形界面及修改配置文件配置 DNS 服务的方法。

如果在局域网中设置一台 DNS 服务器，则可在局域网内使用自定义的域名，而不用到域名管理机构去申请 Internet 中的域名。如果域名需要在 Internet 中使用，则必须到域名管理机构申请。

练　　习

1. 企业采用多个区域管理各部门网络，技术部属于 tech.org 域，市场部属于 mart.org 域，其他人员属于 freedom.org 域。技术部门共有 100 人，采用的 IP 地址为 192.166.1.1～192.166.1.100。市场部门共有 50 人，采用 IP 地址为 192.166.2.1～192.166.2.50。其他人员 50 人，采用 IP 地址为 192.166.3.1～192.166.3.50。现采用一台 RHEL5 主机搭建 DNS 服务器，其 IP 地址为 192.166.1.254，要求这台 DNS 服务器可以完成内网所有区域的正/反向解析，并且所有员工均可以访问外网地址。请写出详细解决方案，并上机实现。

2. 为某学校搭建 DNS 服务，域名及 IP 地址分配如表 6.1 所示。

表 6.1　域名与 IP 地址分配

用　途	域　名	IP 地址
学校网站	www.yucai.com	192.168.1.20
FTP 服务器	ftp.yucai.com	192.168.1.20
邮件服务器	mail.yucai.com	192.168.1.20
教务处网站	jw.yucai.com	192.168.1.20

要求这台 DNS 服务器可以完成内网所有区域的正/反向解析，并且所有员工均可以访问外网地址。请写出详细解决方案，并上机实现。

→ Linux网络共享服务配置与管理

在企业信息化建设过程有大量的文件在网络中传递，不同的部门都有大量的文件需要提供给其他企业用户，因此要建立一个文件共享系统，实现文件资源的有效共享。共享过程中，不同的用户拥有不同的上传下载权限（企业有4个部门，各自有专用文件与共享文件，企业员工数80人），保证共享资源的安全。企业提供一台拥有较大容量存储设备（可以提供1 TB的存储）的专用服务器用以实现该共享功能，服务器IP地址为192.168.1.101。

建立一台专用的FTP服务器是提供该项共享要求的一个解决方案，在该共享系统中为每个部门的每一个用户建立一个FTP账户，根据用户所在部门设置相应权限，用户拥有对自己文件夹的读/写权限，拥有对本部门文件夹的读取权限，对其他用户及部门的文件夹拥有读取权限。出于安全考虑不允许匿名用户的访问。

7.1 技 术 准 备

在Linux系统中提供资源共享的方式有Samba服务、FTP服务和NFS网络文件系统，都可以提供不同程度和用途的共享。

7.1.1 Samba服务

1. 服务简介

Samba服务器可以实现Linux与Windows之间资源共享，这些资源包括文件资源和打印服务，甚至可以和Windows中的域控制器结合使用，实现强大的域管理功能。Samba服务是基于SMB协议，SMB提供目录和打印机共享以及认证、权限设置。Samba服务是由nmbd和smbd两个进程组成。nmbd用于NetBIOS名解析以及浏览服务，smbd用于管理Samba服务器上的共享目录、打印机等。

2. Samba服务器的安全模式

Samba服务器提供share、user、server、domain和ads等5种安全模式，用于不同级别的安全需求。

（1）share模式

share模式下，从客户端登录Samba服务器时不需要输入用户名和密码就能够浏览共享资源，可以提供开放式的资源共享，但安全性较差。

（2）user模式

这是服务器默认的安全模式，此模式下从客户端登录Samba服务器时需要账号和密码，在经过服务器验证后才可以访问共享资源。

（3）server 模式

此模式下需要一台 Samba 服务器用于身份验证，客户端提交用户名和密码后，数据会在此 Samba 服务器上进行验证。

（4）domain 模式

Samba 服务可以与 Windows 的域控制配合使用，此时用户身份的验证由 Windows 的域控制器实现。

（5）ads 模式

在以上 domain 模式下，如果 Samba 服务器使用了 ads 安全级别加入到 Windows 域环境中，Samba 服务器也可以承担域控制器的角色。

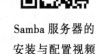

Samba 服务器的安装与配置视频

3. Samba 服务器的安装

与 Samba 服务相关的程序包主要有以下几个：

① samba-common-3.xxxxxx.rpm 包是 samba 服务器的配置文件语法检验程序 testparm。

② samba-client-3.xxxxxx.rpm 包是客户端软件，提供通过 Linux 主机访问 Samba 共享资源。

③ samba-3.xxxxxx.rpm 包为服务器端主程序包。

安装 Samba 主程序包：

```
[root@localhost Server]# rpm -ivh samba-3.0.33-3.28.el5.i386.rpm
```

在一些版本的 RHEL 中，安装 Samba 的过程中可能会出现依赖问题。例如，需要先安装 perl-Convert-ASN1 包，安装方式如下：

```
[root@localhost Server]# rpm -ivh perl-Convert-ASN1-0.20-1.1.noarch.rpm
```

RHEL 提供 Samba 的安装图形配置界面，安装方式如下：

```
[root@localhost Server]# rpm -ivh system-config-samba-1.2.41-5.el5.noarch.rpm
```

4. Samba 服务的启动与停止

Samba 服务名称为 smb，使用 service 启动该服务时，可以看到启动了两个服务：SMB 和 NMB。

```
[root@localhost Server]# service smb start
启动 SMB 服务:                                              [确定]
启动 NMB 服务:                                              [确定]
```

停止服务：

```
[root@localhost Server]# service smb stop
关闭 SMB 服务:                                              [确定]
关闭 NMB 服务:                                              [确定]
```

重启服务：

```
[root@localhost Server]# service smb restart
关闭 SMB 服务:                                              [确定]
关闭 NMB 服务:                                              [确定]
```

项目 7 Linux 网络共享服务配置与管理

```
启动 SMB 服务：                                    [确定]
启动 NMB 服务：                                    [确定]
```

图形界面启动和停止服务如图 7.1 所示。

图 7.1 "服务配置"窗口

5. Samba 服务器的配置

（1）图形界面配置 Samba 服务

① RHEL 提供通过图形界面配置 Samba 服务。选择"系统"→"管理"→"服务器设置"→"Samba"打开"Samba 服务器配置"窗口，如图 7.2 所示。

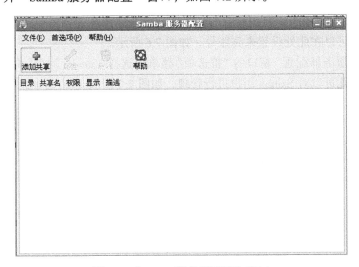

图 7.2 "Samba 服务器配置"窗口

② 通过"添加共享"按钮打开"创建 Samba 共享"对话框，在"基本"选项卡中可以设置需要共享的目录、共享名等。如果需要提供对该目录的写入操作，可以选中"可擦写"复选框，如图 7.3 所示。

图 7.3 创建"Samba 共享"对话框

③ 在"访问"选项卡中可以添加允许访问的用户或允许所有用户访问，如图 7.4 所示。

④ 在"Samba 服务器配置"窗口的"首选项"菜单中选择"服务器设置"命令会打开"服务器设置"对话框，在"基本"选项卡中可以设置工作组的名称和描述信息，如图 7.5 所示。

图 7.4 设置访问用户　　　　　　　　图 7.5 设置工作组

⑤ 在"安全性"选项卡中可以设置验证模式，如果采用域控制器模式，在此处设置验证服务器，同时也可以在此处设置来宾账号，如图 7.6 所示。

⑥ 在"Samba 服务器配置"窗口的"首选项"菜单中选择"Samba 用户"命令打开"Samba 用户"对话框，在此可以对 Samba 用户进行管理，如图 7.7 所示。

图 7.6 设置安全性　　　　　　　　图 7.7 添加 Samba 用户

示例 1：创建一个目录，以共享方式为其他用户提供完全开放式的存储，并在 Windows 中进行测试。

项目 7 Linux 网络共享服务配置与管理

① 创建一个名为 smbshare 目录,并将其权限修改为所有用户可以读/写和执行权限,如图所示 7.8 所示。

图 7.8　设置文件夹访问权限

② 添加共享,设置 Samba 共享目录和共享名,如图 7.9 所示。

③ 设置访问对象为"允许所有用户访问",如图 7.10 所示。单击"确定"按钮后共享资源生效。

图 7.9　设置共享目录和共享名　　　　图 7.10　设置所有用户可以访问共享资源

④ 在 Windows 中打开运行窗口,输入"\\IP 地址"如图 7.11 所示。接下来会打开共享目录,如图 7.12 所示。

图 7.11　在 Windows 中连接 Samba 服务器

图 7.12 打开的共享资源目录

（2）通过配置文件配置 Samba 服务

配置 Samba 共享服务的步骤一般按照以下流程：创建共享目录，并设置相应权限，编辑修改配置文件 "/etc/samba/smb.conf"，设置共享目录及共享模式等，在保存配置文件后重启服务。配置文件中 "#" 表示注释，";" 为配置模板。

Samba 配置文件 smb.conf 分多个区段，[global]为全局配置，针对所有共享资源有效；[homes]为特殊共享目录，表示用户主目录；[printers]表示共享打印机。除此之外，用户可以根据需求自定义共享配置区段实现不同权限的共享。

通过配置文件配置 Samba 服务视频

① [global]区段：

```
workgroup = mygroup    #Samba 服务加入的工作组或域的名称
   server string = Samba Server Version %v  #Samba 服务的注释，%v 表示服务的版本。
   security = user      #安全模式，默认为 user 模式
   passdb backend = tdbsam   #设置用户密码数据安全管理，有三种方式，smbpasswd、tdbsam、ldapsam
#smbpasswd 方式由 Samba 服务负责管理与验证
#tdbsam 方式下由一个数据库文件存储用户信息
#ldapsam 方式采用 LDAP 的账户管理方式验证用户
```

② [homes]区段：

```
   comment = Home Directories
   browseable = no
   writable = yes
;  valid users = %S
;  valid users = MYDOMAIN\%S
```

③ [printers]区段：

```
    comment = All Printers      #注释信息
    path = /var/spool/samba
    browseable = no              #是否可以读取
    guest ok = no                #是否允许Guest账户访问，yes表示允许，no表示不允许
    writable = No                #是否可以写，默认不可写
    printable = yes              #是否可以打印，默认可以打印
```

④ 自定义区段，该区段名可以自定义。

```
    [public]
    comment = Public Stuff   #注释信息
    path = /home/samba       #共享路径
    public = yes             #设置是否允许匿名访问
    writable = yes           #设置是否允许对共享目录拥有写权限
    printable = no           #
    write list = +staff      #允许写入的用户
    browseable = yes         #设置是否允许其他用户对共享目录进行浏览
    ; admin users=sum        #设置共享管理员
    ; valid users=sum,joe    #设置允许访问共享目录的用户列表，多个用户用","隔开，
当需加入用户组群时用"@组群名"方式
    ; invalid users=jean     #设置禁止访问共享目录的用户列表，方式同上
```

（3）Samba 服务密码文件

在启用 Samba 服务器的共享资源后，从客户端访问共享资源时需要提交用户名和密码进行身份验证。Samba 服务将用户名和密码存放在/etc/samba/smbpasswd 中。Samba 账号是建立在 Linux 同名账户上。使用 smbpasswd 命令添加 Samba 用户，命令格式如下：

smbpasswd　［选项］　用户名

-a：向 smbpasswd 文件中添加用户。

-c：指定 samba 的配置文件。

-x：从 smbpasswd 文件中删除用户。

-d：在 smbpasswd 文件中禁用指定的用户。

-e：在 smbpasswd 文件中激活指定的用户。

-n：将指定的用户的密码置空。

示例 2：创建 Samba 账户。

① 创建 Linux 用户 smbuser01。

```
[root@localhost Server]# useradd  smbuser01
[root@localhost Server]# passwd  smbuser01
```

② 创建 smbpasswd 命令添加 smbuser01 用户到 Samba 账号。

```
[root@localhost Server]# smbpasswd -a smbuser01
New SMB password:
Retype new SMB password:
Added user smbuser01
```

7.1.2 FTP 服务

FTP 是文件传输协议（File Transfer Protocol）的简称，Linux 下实现 FTP 服务的软件很多，早期 Linux 中常见的是 Wu-ftpd 和 Proftp 等，目前多数 Linux 系统中默认安装的是 Vsftpd。

1. FTP 账户种类

登录访问 FTP 服务器时需要经过验证，登录方式有 3 种：

（1）匿名账号（Anonymous）

FTP 中进行匿名访问是 FTP 服务中常用的一种方式，这类用户是指在 FTP 服务器中没有指定账户，但是其仍然可以进行匿名访问某些公开的资源。

（2）本地账号

本地账号也称为真实（Real）账号，即该账号首先是 FTP 服务器上的用户账号，以该账号登录的用户其默认目录就是该用户的工作目录。默认情况下，Vsftpd 服务器会把创建的所有账户都归属为本地用户，但是该用户在登录后可以更改到其他目录，存在一定的安全隐患。

（3）虚拟账号

虚拟账号只用于文件传输服务，只能够访问自己的主目录，而不得访问主目录以外的文件。服务器通过这种方式来保障 FTP 服务上其他文件的安全性。在 Vsftpd 软件中也叫 Guest 用户。

2. FTP 工作原理

FTP 工作时启动两个通道：控制通道和数据通道。控制通道负责传输 FTP 指令，数据通道则负责传输数据。

在 FTP 协议中，控制连接均是由客户端发起的，而数据连接有两种模式：PORT 模式（主动模式）和 PASV（被动模式）。

Vsftp 安装与服务配置视频

3. Vsftp 安装与服务配置

（1）Vsftp 服务的安装、启动与停止

① Vsftp 的安装：

```
[root@localhost Server]# rpm -ivh vsftpd-2.0.5-16.el5_4.1.i386.rpm
```

② Vsftp 的启动、重启与停止

```
[root@localhost Server]# service vsftpd start
为 vsftpd 启动 vsftpd:                                      [确定]
[root@localhost Server]# service vsftpd restart
关闭 vsftpd:                                                [确定]
为 vsftpd 启动 vsftpd:                                      [确定]
[root@localhost Server]# service vsftpd stop
关闭 vsftpd:                                                [确定]
```

Vsftp 默认提供开放式服务，可以通过浏览器访问 FTP 共享资源，访问方式如图 7.13 所示。

项目 7 Linux 网络共享服务配置与管理

图 7.13 通过浏览器访问 FTP 共享资源

（2）Vsftp 服务配置

vsftpd.conf 文件说明：

```
anonymous_enable=YES        #是否允许 anonymous 登录 FTP 服务器，默认允许
local_enable=YES            #是否允许本地用户登录 FTP 服务器，默认允许
write_enable=YES            #是否允许用户具有在 FTP 服务器文件中执行写的权限，默认允许
local_umask=022             #设置本地用户的文件生成掩码为 022，默认是 077
#anon_upload_enable=YES     #是否允许匿名用户上传，默认不允许
#anon_mkdir_write_enable=YES            #是否允许匿名用户在 FTP 服务器中创建目录
dirmessage_enable=YES       #设置当远程用户更改目录时是否提示信息
xferlog_enable=YES          #启用上传和下载日志功能
connect_from_port_20=YES    #启用 FTP 数据端口的连接请求
#xferlog_file=/var/log/vsftpd.log    #设置日志文件的文件名和存储路径,这是默认的
xferlog_std_format=YES      #是否使用标准的 ftpd xferlog 日志文件格式
#idle_session_timeout=600   #设置空闲的用户会话中断时间,默认是 10min
#data_connection_timeout=120    #设置数据连接超时时间,默认是 120s
#ascii_upload_enable=YES    #是否允许使用 ASCII 格式来上传文件
#ascii_download_enable=YES  #是否允许使用 ASCII 格式来下载文件
#ftpd_banner=Welcome to blah FTP service.   #在 FTP 服务器中设置欢迎登录的信息
#deny_email_enable=YES
#banned_email_file=/etc/vsftpd.banned_emails
# users to NOT chroot().
#chroot_list_enable=YES     #如果希望用户登录后不能切换到自己目录以外的其他目录,需
                            #要设置该项,如果设置 chroot_list_enable=YES,那么只
```

```
                        #允许/etc /vsftpd.chroot_list 中列出的用户具有该功
                        #能.如果希望所有的本地用户都执行者 chroot,可以增加一
                        #行:chroot_ local_user=YES
#chroot_list_file=/etc/vsftpd.chroot_list
#ls_recurse_enable=YES
pam_service_name=vsftpd     #设置 PAM 认证服务的配置文件名称,该文件存放在
/etc/pam.d/目录下.
userlist_enable=YES         #用户列表中的用户是否允许登录FTP服务器,默认不允许
#enable for standalone mode
listen=YES                  #使vsftpd 处于独立启动模式
tcp_wrappers=YES            #使用tcp_wrqppers 作为主机访问控制方式
```

7.2 项 目 实 施

为了有效提高资源共享，减少存储浪费，为企业创建文件服务器和 FTP 服务器实现企业内部资源共享。

① 创建共享目录"/var/sharedir"，提供以用户模式进行访问，并添加相关用户实现 Linux 和 Windows 之间的文件共享，创建两个用于访问共享资源的用户 sambuer01 和 sambuser02 并将其添加到 Samba 用户并以 smb01 和 smb02 命名。

② 为管理员创建一个 Samba 账号 smbadm，为经理创建一个账号 smbman。两个账号都可以访问上面创建的 sharedir 目录。创建一个目录"/var/admdoc"用于管理员和经理存放重要文件，其他用户无法浏览。

③ 实现 FTP 服务，将"/var/html/www"目录设为网站管理员专用上传下载目录，创建"/var/sharedoc"目录用于存放共享文档，管理组群可以上传，上传速度为 1 024 kbit/s，其他用户只能下载，下载速度为 512 kbit/s。

图形界面Samba服务的配置案例视频

7.2.1 图形界面 Samba 服务的配置

配置方法如下：

① 创建两个用户 smbuser01 和 smbuser02，如图 7.14 所示。

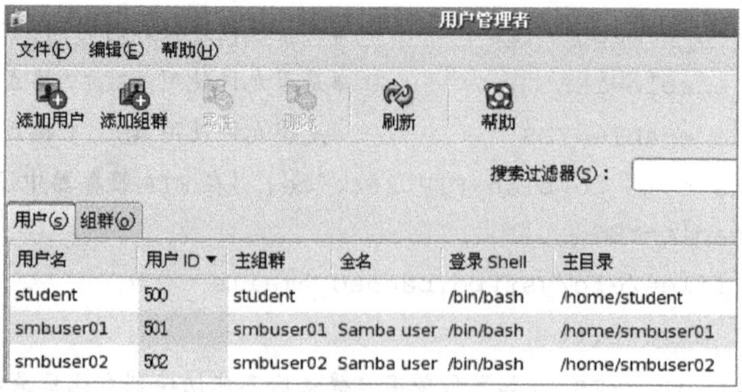

图 7.14 创建用户

② 将上一步创建的两个用户，在 Samba 用户管理工具（Samba 服务器配置窗口中：首选项-Samba 用户）中添加到 Samba 用户，如图 7.15 所示。

③ 在"创建 Samba 共享"对话框中输入共享目录及共享名，如图 7.16 所示。

图 7.15　添加 Samba 用户　　　　　　图 7.16　设置共享目录和共享名

在"访问"选项卡中添加对该共享目录访问的 Samba 用户，如图 7.17 所示。

④ 在 Windows 中打开运行窗口，输入"\\192.168.1.104"，如图 7.18 所示。弹出登录对话框（见 7.18），在"用户名"处输入 smb01 和 Samba 密码，登录共享文件夹，如图 7.19 所示。

图 7.17　添加允许访问用户　　　　　　图 7.18　在 Windows 中以 smb01 用户登录

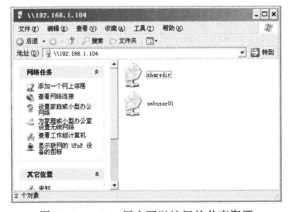

图 7.19　smb01 用户可以访问的共享资源

用另一账户 smb02 登录，如图 7.20 所示，可以看到，每个用户能看到 sharedir 和自己的工作目录，但看不到别人的工作目录。

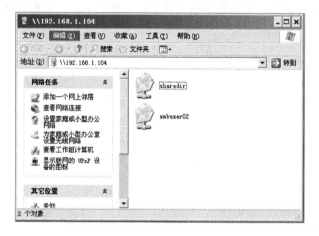

图 7.20 smb02 用户可以访问的共享资源

注意：在以某一用户登录后使命令 net use \\192.168.1.104 /del 删除共享后，才可以使用其他用户登录。

7.2.2 修改配置文件配置 Samba 服务

修改配置文件配置 Samba 服务案例视频

1. 创建用户并添加到 Samba 服务器

① 使用命令创建两个用户 smbadm 和 smbman。

```
[root@localhost ~]# adduser smbadm
[root@localhost ~]# adduser smbman
[root@localhost ~]# passwd smbadm
Changing password for user smbadm.
New UNIX password:
BAD PASSWORD: it is too simplistic/systematic
Retype new UNIX password:
passwd: all authentication tokens updated successfully.
[root@localhost ~]# passwd smbman
Changing password for user smbman.
New UNIX password:
BAD PASSWORD: it is too simplistic/systematic
Retype new UNIX password:
passwd: all authentication tokens updated successfully.
```

② 使用 smbpasswd 命令将上面创建的两个用户添加至 Samba 用户。

```
[root@localhost ~]# smbpasswd -a smbadm
New SMB password:
Retype new SMB password:
```

```
Added user smbadm.
[root@localhost ~]# smbpasswd -a smbman
New SMB password:
Retype new SMB password:
Added user smbman.
```

2. 创建共享目录

在"/var"目录下创建目录 admdoc。

```
[root@localhost ~]# mkdir /var/admdoc
```

3. 修改配置文件

修改 smb.conf 文件,新建共享区段 admdoc 并在 sharedir 区段的 valid users 中添加 smbadm 和 smbman 用户。

```
[sharedir]
        path=/var/sharedir
        writeable=yes
        valid users=smbuser01, smbuser02,smbadm,smbman
[admdoc]
        path=/var/admdoc
        public=no
        writeable=yes
        valid users=smbadm,smbman
```

4. 重启服务

```
[root@localhost ~]# service smb restart
关闭 SMB 服务:                                           [确定]
关闭 NMB 服务:                                           [确定]
启动 SMB 服务:                                           [确定]
启动 NMB 服务:                                           [确定]
```

5. Windows 中进行访问测试

① 登录时用 smbadm 用户和密码,如图 7.21 所示。

图 7.21 以 smbadm 用户登录

② 打开共享后可以看到共享目录 sharedir 目录和 smbadm 用户自己的工作目录，如图 7.22 所示。其中，看不到 admdoc 目录，原因是配置文件中将其隐藏（browseable=no）无法进行浏览。但可以通过在地址栏中添加"\admdoc"进行访问，如图 7.23 所示。

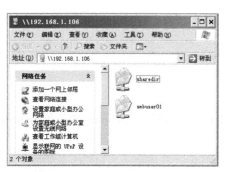
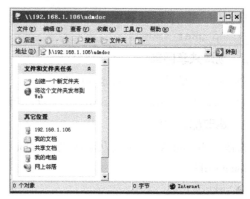

图 7.22　可以显示的共享目录　　　　　图 7.23　访问隐藏的目录

7.2.3　Vsftp 服务的配置

实现 FTP 服务，将"/var/html/www"目录设为网站管理员专用上传下载目录，创建"/var/sharedoc"目录用于存放共享文档。管理组群可以上传文件，上传速度为 1 024kbit/s；其他用户只能下载文件，下载速度为 512 kbit/s。

Vsftp 服务的配置
案例视频

1. 创建网站管理员账户

① 创建一个 www 用户组群，然后创建账户 webadmin，在创建该用户时指定工作目录为"/var/www/html"，并将其添加到 www 组群，同时设置该用户为不能登录系统用户。

```
[root@localhost ~]        # groupadd www
[root@localhost ~]        # useradd -d /var/www/html -g www -s /sbin/nologin webadmin
[root@localhost ~]        # passwd webadmin
```

② 创建虚拟用户配置文件目录：

```
[root@localhost ~]#mkdir /etc/vsftpd/vuser_conf
[root@localhost ~]#mkdir /etc/vsftpd/chroot_list
```

2. 修改配置文件

打开并编辑 Vsftp 服务配置文件修改以下条目：

```
anonymous_enable=NO              #是否允许匿名用户访问
local_enable=YES                 #允许本地用户访问
guest_enable=YES                 #启用虚拟用户功能
guest_username=webadmin          #指定虚拟用户的宿主用户
virtual_use_local_privs=YES      #提供虚拟用户修改文件的权限
chmod_enable=YES                 #提供修改权限
anon_max_rate=5000               #默认以字节为单位 5000 表示 5KB/s 速度
```

```
local_max_rate=5000                    #以(字节/秒)为单位
```

3. 生成虚拟用户数据文件

① 如果没有安装数据文件支持包，需要安装 db4-utils。

```
[root@localhost Server]# rpm -ivh db4-utils-4.3.29-10.el5.i386.rpm
```

② 添加虚拟用户，编辑"/etc/vsftpd/vftpuser.txt"，添加 webadmin 虚拟用户（奇数行）及密码（偶数行）。

```
[root@localhost ~]# vi /etc/vsftpd/vftpuser.txt
webadmin
123456
```

③ 生成数据文件。

```
[root@localhost ~]# db_load -T -t hash -f /etc/vsftpd/vftpuser.txt /etc/vsftpd/vftpuser.db
```

④ 生成认证文件，编辑"/etc/pam.d/vsftpd"文件添加相关认证数据。

```
[root@localhost ~]# vi /etc/pam.d/vsftpd
auth required pam_userdb.so db=/etc/vsftpd/vftpuser
account required pam_userdb.so db=/etc/vsftpd/vftpuser
```

⑤ 为 webadmin 虚拟用户创建配置文件。

```
[root@localhost ~]# vi /etc/vsftpd/vuser_conf/webadmin
local_root=/var/www/html
write_enable=YES
download_enable=YES
anon_world_readable_only=NO
anon_upload_enable=YES
anon_mkdir_write_enable=YES
anon_other_write_enable=YES
local_umask=022
listen_port=21
```

4. 修改虚拟用户目录权限

```
[root@localhost ~]# chown -R webadmin:www /var/www/html
[root@localhost ~]# chmod -R 775 /var/www/html
```

5. 重新启动 Vsftpd 服务

```
[root@localhost ~]# service vsftpd restart
关闭 vsftpd:                                          [确定]
为 vsftpd 启动 vsftpd:                                [确定]
```

7.2.4 FTP 服务测试

FTP 服务测试视频

1. 登录 FTP

```
[root@localhost ~]# ftp 192.168.1.106
```

```
Connected to 192.168.1.106.
220 (vsFTPd 2.0.5)
530 Please login with USER and PASS.
530 Please login with USER and PASS.
KERBEROS_V4 rejected as an authentication type
Name (192.168.1.106:root): webadmin
331 Please specify the password.
Password:
230 Login successful.
Remote system type is UNIX.
Using binary mode to transfer files.
ftp>
```

2. **上传文件**

① !ls 命令为列出本地文件；
② put 命令为上传文件；
③ dir 命令列出远程文件。

```
ftp> !ls
anaconda-ks.cfg  Desktop  install.log  install.log.syslog  pic
ftp> put install.log
local: install.log remote: install.log
227 Entering Passive Mode (192,168,1,106,219,27)
150 Ok to send data.
226 File receive OK.
36041 bytes sent in 0.039 seconds (9.1e+02 Kbytes/s)
ftp> dir
227 Entering Passive Mode (192,168,1,106,232,168)
150 Here comes the directory listing.
-rw-r--r--    1 505      505         36041 Nov 12 09:19 install.log
226 Directory send OK.
```

3. **目录操作**

① mkdir 命令为在远程服务器创建目录。

```
ftp> mkdir temp
257 "/temp" created
```

② cd 命令为切换目录。

```
ftp> cd temp
250 Directory successfully changed.
```

4. **退出 FTP**

```
ftp> bye
221 Goodbye.
```

7.3 技术拓展

7.3.1 FTP 服务权限管理

1. 开放匿名上传

默认状态下，Vsftp 不开放匿名上传文件，有时候管理员在搭建一些应用时，需要开启匿名上传功能。

```
anonymous_enable=YES        #允许使用匿名登录
```

如果需要开放 "/var/ftp/pub" 目录的权限，需要修改如下参数：

```
anon_upload_enable=YES          #允许上传文件
anon_mkdir_write_enable=YES     #允许创建文件和目录
anon_other_write_enable=YES     #允许读写权限
```

2. 允许本地用户登录

Vsftp 支持本地用户登录，但需要开启相关参数：

```
local_enable=YES         #开启本地用户登录
write_enable=YES         #开启本地用户写权限
```

此时，客户可以进行增加、删除、修改及查询的操作，但是用户也可以进入其他目录进行浏览，这时需要开启 chrooot_loacl_user=YES 这样用户只能看到自己的目录，保护了目录的安全。

如果允许某些用户切换到 home 目录外的其他目录：

```
Chroot_list_enable=YES
Chroot_list_file=/etc/chroot_list
```

/etc/chroot_list 用于指定不能访问 home 目录外的用户。

3. 加强 FTP 安全设置

为了防止因用户长时间空闲占用 FTP 带来的安全问题，可以通过设置户会话空闲时间，如设置户会话空闲超过 10min 后中断会话。

```
idle_session_timeout=600
```

过长的空闲数据连接时间，也会为系统带来安全隐患，因此可以通过设置此连接时间减少安全隐患，例如下面的配置，将在数据连接空闲 2min 后被中断。

```
data_connection_timeout=120
```

以下为设置客户端空闲时的自动中断和激活连接的时间，将使客户端空闲 1min 后自动中断连接，并在中断 1min 后自动激活连接。

```
accept_timeout=60
connect_timeout=60
```

为了控制用户传输文件的速度，可以通过设置最大传输速率进行限制，例如下面的配置实现将使本地用户的最大传输速率为 50 KB/s，匿名用户的传输速率为 30 KB/s。

```
local_max_rate=50000
anon_max_rate=30000
```

7.3.2 NFS 服务与配置

1. NFS 简介

NFS 是网络文件系统（Network File System）的英文缩写。NFS 通过网络分享和使用文件系统，在文件传送或信息传送过程中依赖于 RPC 协议。

2. 安装 NFS

NFS 服务的安装与配置视频

在 RHLE 中系统默认安装 NFS，用 rpm 命令查询可以看到已经安装的相关程序包。如果没有安装，可以安装相应程序包。

```
[root@localhost ~]# rpm -qa|grep nfs
nfs-utils-lib-1.0.8-7.6.el5
nfs-utils-1.0.9-44.el5
```

NFS 服务有 3 个系统进程，启动 NFS 服务后，用 service 命令查询其服务状态，可以看到有 3 个进程：nfsd，用于管理客户端登录服务器；rpc.mountd，管理 NFS 文件系统及权限验证；rpc.rquotad，用于配额管理。除了以上 3 个系统进程外，portmap 进程主要用于进行端口映射工作。

```
[root@localhost ~]# service nfs start
启动 NFS 服务：                                       [确定]
关掉 NFS 配额：                                       [确定]
启动 NFS 守护进程：                                   [确定]
启动 NFS mountd：                                     [确定]
[root@localhost ~]# service nfs status
rpc.mountd (pid 7737) 正在运行...
nfsd (pid 7734 7733 7732 7731 7730 7729 7728 7727) 正在运行...
rpc.rquotad (pid 7709) 正在运行...
```

3. NFS 服务配置

① 创建共享目录 "/var/nfsshare"：

```
[root@localhost ~]# mkdir /var/nfsshare
```

② 编辑/etc/exports 文件，添加共享目录信息。

```
[root@localhost ~]# vi /etc/exports
/var/nfsshare 192.168.1.0/24 (rw,sync)
```

③ 重启 portmap 和 nfs 服务。

```
[root@localhost ~]# service portmap restart
停止 portmap：                                        [确定]
启动 portmap：                                        [确定]
[root@localhost ~]# service nfs restart
关闭 NFS mountd：                                     [确定]
关闭 NFS 守护进程：                                   [确定]
关闭 NFS quotas：                                     [确定]
关闭 NFS 服务：                                       [确定]
```

项目 7　Linux 网络共享服务配置与管理

```
启动 NFS 服务：                                          [确定]
关掉 NFS 配额：                                          [确定]
启动 NFS 守护进程：                                       [确定]
启动 NFS mountd：                                        [确定]
```

④ 用 exportfs 命令显示当前 NFS 共享的文件系统列表。

```
[root@localhost ~]# exportfs
/var/nfsshare   192.168.1.0/24
```

⑤ 显示客户端信息和共享目录。

```
[root@localhost ~]# showmount -a
All mount points on 192.168.1.106:
```

⑥ 显示指定 NFS 服务器输出目录列表（也称为共享目录列表）。

```
[root@localhost ~]# showmount -e 192.168.1.106
Export list for 192.168.1.106:
/var/nfsshare 192.168.1.0/24
```

⑦ 挂载共享目录至"/mnt/nfsdir"。

```
[root@localhost ~]# mount -t nfs 192.168.1.106:/var/nfsshare /mnt/nfsdir/
```

⑧ 用 df 命令查看挂载信息。

```
[root@localhost ~]# df
文件系统              1K-块       已用        可用      已用%  挂载点
/dev/mapper/VolGroup00-LogVol00
                    6983168    2789796    3832924    43%   /
/dev/sda1           101086     12086      83781      13%   /boot
tmpfs               257656     0          257656     0%    /dev/shm
VSDoc               81919996   74180384   7739612    91%   /media/sf_VSDoc
192.168.1.106:/var/nfsshare
                    6983168    2789792    3832928    43%   /mnt/nfsdir
```

⑨ 复制文件至/mnt/nfsdir 后，查看"/var/nfsshare"目录。

```
[root@localhost ~]# cp install.log /mnt/nfsdir/
[root@localhost ~]# ls /mnt/nfsdir/
install.log
[root@localhost ~]# ls /var/nfsshare/
install.log
```

小　　结

随着计算机应用范围的扩大，在相同或者不同系统之间进行文件共享变成一个很重要的问题。本项目介绍了 Linux 网络共享服务配置与管理的相关知识。首先介绍了通过 Samba 服务的安装及配置实现不同系统之间文件共享的方法，然后介绍了 Vsftp 的安装及服务配置，最后通过一个项目实例演示了通过图形界面及修改配置文件两种方式配置 Samba 服务的方法及 Vsftp 服务的配置方法。

练 习

1. 在虚拟机中安装并启动 Vsftp 服务器,在该系统中添加用户 user1 和 user2。

(1) 安装 Vsftp 软件包。

(2) 设置匿名账户具有上传、创建目录权限。

(3) 利用 "/etc/Vsftp/ftpusers" 文件设置禁止本地 user1 用户登录 FTP 服务器。

(4) 设置本地用户 user2 登录 FTP 服务器之后,在进入 dir 目录时显示提示信息 "welcome to user's dir!"。

(5) 设置将所有本地用户都锁定在 "/home" 目录中。

(6) 设置只有在 "/etc/Vsftp/fuser_list" 文件中指定本地用户 user1 和 user2 可以访问 FTP 服务器,其他用户都不可以。

(7) 设置基于主机的访问控制,实现如下功能:

① 拒绝 192.168.6.0/24 访问。

② 对域 hongyi.net 和 192.168.2.0/24 内的主机不做连接数和最大传输速率限制。

③ 对其他主机的访问限制每个 IP 的连接数为 2,最大传输速率为 500 KB/s。

2. 建立仅允许本地用户访问的 Vsftp 服务器,并完成以下任务。

(1) 禁止匿名用户访问。

(2) 建立 s1 和 s2 账号,并具有读/写权限。

(3) 使用 chroot 限制 s1 和 s2 账号在/home 目录中。

3. 为企业建立 FTP 服务器,要求如下:

(1) 创建 shareusr 组群。

(2) 创建 www(网站)、xs(销售)、xc(宣传)、cw(财务)、jl(经理)、qt(其他)6个用户,不允许登录 Linux 系统,并将刚才创建的 5 个用户加入到 shareusr 组群。

(3) www、xs、xc、cw 四个用户的主目录分别为 "/home/html/www"、"/home/html/xs"、"/home/html/xc"、"/home`1wpri",只允许 cw 用户有可读/写的共享访问权限,其他用户不允许访问。

(4) 创建一个 "/usrpub" 目录,允许 shareusr 组群用户向目录中写入,其他用户只能访问,但不可以写入。

项目 8 ➡ Linux WWW 配置与管理

在企业信息化建设过程中,企业网站的建设往往用于宣传企业,同时也能够为企业进一步发展电子商务打好基础,因此要搭建企业自己的 Web 服务器,企业及主要部门都要有自己独立的网站。目前已申请域名 www.hongyi.net(企业主站)、oa.hongyi.net(办公自动化系统)、crm.hongyi.net 客户管理系统 sale.hongyi.net(电子商务网站)。

在一台 Web 服务器上构建多个 Web 站点,并且拥有自己独立的域名,也就是在一台物理服务器上需要创建多个不同名称的站点,在外界看来是访问不同的站点,这样的服务器称作"虚拟主机"。本项目通过实现 3 个不同的站点为案例进行讲解分析,要求已有搭建完成的 DNS 服务器,实现对相关域名的解析。

8.1 技术准备

8.1.1 WWW 服务

在众多的网络服务中 WWW(World Wide Web,万维网)服务是使用最普遍的一种网络服务,万维网服务的标准由 W3C(万维网联盟)制定,用户可以通过交互的图形界面在互联网上进行特定内容的浏览与查询。

Web 服务的实现采用客户机/服务器模型。客户机运行 WWW 客户程序,即浏览器(IE、Firefox、Opera 等),它提供良好、统一的用户界面。浏览器的作用是解释和显示 Web 页面,响应用户的输入请求,并通过 HTTP 协议将用户请求传递给 Web 服务器。Web 服务器一端运行服务器程序,其最基本的功能是侦听和响应客户端的 HTTP 请求,向客户端发出请求处理结果信息。

8.1.2 Apache 服务器

1. 概述

Apache 服务器最初是由 Illinois 大学 Urbana-Champaign 的国家高级计算程序中心开发,后经由 Apache 开源团体的成员不断地发展和加强,成为互联网上使用最多的 Web 服务器软件。它有着良好的跨平台性、可扩展性和安全性,绝大多数的 Linux 发行版上都采用 Apache 作为默认 Web 服务器。它为用户提供了非常实用的功能,包括目录索引、目录别名、内容协商、可配置的 HTTP 错误报告、CGI 程序的 SetUID 执行、子进程资源管理、服务器端图像映射、重写 URL、URL 拼写检查,以及联机手册 man 等。图 8.1 所示为 Apache 的标识。

图 8.1　Apache 的标识

2. Apache 服务器的安装

在 RHE5 下，安装 Apache 有多种主要方式，可以通过 RHE5 提供的图形界面安装 Apache，也可以通过 rpm 或 yum 命令查询和安装 Apache 服务软件，还可以下载最新的 Apache 源码进行编译安装。rpm 安装软件是 RHE 较为传统的安装方式，yum 是目前较为流行的安装方式，在配置好 yum 源后，可以很方便地安装最新版本的软件。

Apache 服务器的安装与启动视频

在 RHE5 下可以使用 rpm 包安装 Apache，下面的命令检查系统是否已经安装了 Apache 或查看已经安装了何种版本。

```
[root@localhost ~]# rpm -q httpd
httpd-2.2.3-43.el5
```

显示安装的 Apache 的所有程序，包括 httpd 主程序包、Apache 文档手册等。

```
[root@localhost ~]# rpm -qa|grep httpd
httpd-2.2.3-43.el5
httpd-manual-2.2.3-43.el5
```

Apache 的 rpm 安装包文件可以在 RHE 安装光盘上找到，也可以在 Apache 网站上下载最新版本的 rpm 包进行安装。安装命令如下：

```
[root@localhost ~]# rpm -ivh /mnt/Server/httpd-2.2.3-31.el5.i388.rpm
```

Apache 服务器安装成功后，会生成相关的一系列目录与文件，同时也会创建一个默认站点，可以通过此站点来测试。

采用 yum 安装 Apache。

```
[root@localhost ~]# yum install httpd
```

3. Apache 服务器的启动与测试

Apache 服务器默认站点的主目录是"/var/www"，在该目录下还有一些重要的子目录：

① /var/www/html：默认的网站页面存放目录，保存真正向外发布的 Web 内容和文件等。

② /var/www/cgi-bin：存放可执行程序，包括 CGI 脚本、PERL 脚本等。

③ /var/www/manual：保存 html 版的帮助手册。

④ /var/www/error：存放错误提示文件。

⑤ /var/www/icons：存放服务器的图标文件。

⑥ /var/www/mrtg：流量监控器文件存放目录。

安装完成 Apache 服务器后默认并没有启动该服务，要使用它的服务功能，首先要启动 httpd 服务，启动方式有多种。

① 以下命令可以查看 Apache 服务的状态：

```
[root@localhost Server]# service httpd status
```

项目 8 Linux WWW 配置与管理

httpd 已停

② 启动 httpd 服务。

[root@localhost Server]# service httpd start

启动 httpd: [确定]

③ 如果在运行过程中由于修改了配置文件，则可以重新启动 httpd 服务。

[root@localhost Server]# service httpd restart

停止 httpd: [确定]
启动 httpd: [确定]

④ 使用服务启动脚本启动：

[root@localhost Server]# /etc/init.d/httpd start

启动 httpd: [确定]

⑤ 启动 Apache 服务器之后就可以在浏览器地址栏上输入本机 IP 地址（也可使用 127.0.0.1）进行测试，如果看到测试页则说明服务正常启动并运行，如图 8.2 所示。

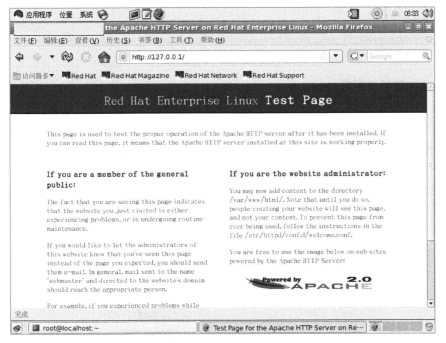

图 8.2 Apache 测试页

通过以上方式启动 Apache 只是暂时的，并不会随着系统的启动自动启动。对于 Web 服务来说一般都是要随系统启动而启动的，可以使用以下命令将其设置为自启动服务：

chkconfig httpd on 为将 httpd 服务设置为自启动服务,通过 chkconfig --list httpd 可以查看到 httpd 服务已经在 Linux 的运行级别 1 到 5（0：系统停机状态，1：单用户工作状态，2：多用户状态，3：完全的多用户状态，4：系统未使用，保留，5：图形 GUI 模式，6：系统正常关闭并重启）中设置为启动，0 和 6 运行级别为关闭。

[root@localhost Server]# chkconfig httpd on
[root@localhost Server]# chkconfig --list httpd

```
httpd           0:关闭    1:关闭    2:启用    3:启用    4:启用    5:启用    6:关闭
```

⑥ 也可以使用 RHE5 的图形化服务管理工具进行设置，如图 8.3 所示。

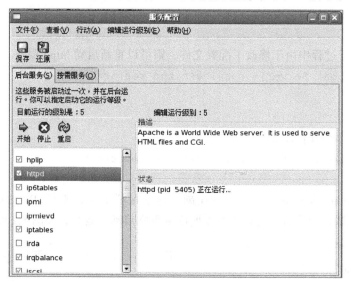

图 8.3　设置 Apache 为自启动服务

4. Apache 的基本配置

Apache 服务器的配置最常用的方式是对配置文件的修改，从而实现定制服务。

（1）图形界面

RHE5 提供了方便的图形界面配置工具，如图 8.4 所示。

图 8.4　Apache 的图形配置界面

（2）配置文件

Apache 的主配置文件为 httpd.conf（在/etc/httpd/conf/目录下），通过对该文件的相关条目修改可以实现对 Web 服务的特殊定制。httpd.conf 文件是一个纯文本文件，可以使用任何可以编辑纯文本的工具进行编辑，在 httpd.conf 文件中，与服务相关的条目很多，以下介绍主要条目。

```
ServerRoot "/etc/httpd"              #指定包含httpd服务器文件的目录
Timeout 300                          #响应超时量，单位为秒
KeepAlive On                         #允许用户建立永久连接
MaxKeepAliveRequests 100
KeepAliveTimeout 15
MinSpareServers 5                    #要保留的空闲服务器进程的最小值
MaxSpareServers 20                   #要保留的空闲服务器进程的最大值
StartServers 8                       #系统启动时的守护进程数
MaxClients 150            #所能提供服务的最大客户端编号，大于它的部分被放入请求队列
Port 80                              #定义服务器所使用的TCP的端口号
ServerAdmin root@weboa.com.cn        #设置Web管理员的邮件地址
ServerName WebOA          #定义客户端从服务器读取数据时返回给客户端的主机名，其默认值
                          #是localhost，第一次安装Linux时这里经常出错
DocumentRoot "/home/weboa/jakarta-tomcat/webapps/weboa"
                                     #设置所有Apache文档的根目录
DirectoryIndex index.html index.htm index.shtml index.cgi
                                     #设置多种成功访问主页的方式，为的是提高系统的容错性
Alias /icons/ "/home/httpd/icons/"   #定义虚拟主机目录与系统目录的对应关系
```

5. **虚拟主机**

虚拟主机是一项在一台物理服务器上实现虚拟多台网络服务的技术，每一台虚拟主机都可以拥有独立的域名服务、WWW 服务、FTP 服务、电子邮件服务等。这些虚拟主机由于各自独立，因此可以由用户进行自行管理。Apache 服务器提供良好的虚拟主机服务，通过 Apache 可以在一台物理服务器上实现多个 Web 站点。

Apache 提供多种方式的虚拟主机服务，分别是基于端口的虚拟主机、基于 IP 地址的虚拟主机和基于名称的虚拟主机。

① 基于端口的虚拟主机：可以在一个 IP 地址的情况下设置多个端口，不同的端口指定不同的站点路径。WWW 服务默认的端口为 80，通常可以再添加一些监听端口，如 8080、8008 等，新添加的端口指向不同站点存放的位置。

② 基于 IP 地址的虚拟主机：Linux 主机可以设置多个 IP 地址，通过不同的 IP 地址指向不同的站点位置实现一台主机运行多个站点。

以上两种方式都存在一定的资源使用问题，例如端口号数量有限，有些端口容易被其他程序占用，从而导致端口冲突。IP 地址数量也有限，随着网络规模的增大，对 IP 地址的需求量也会增加，因此在基于 IP 地址的虚拟主机也收到一定限制。

③ 基于名称的虚拟主机：通过与域名解析结合实现基于名称的虚拟主机可以解决上面两种虚拟主机的问题。由于域名的设置与解析数量远远大于 IP 地址和端口号，因此不需要担心资源不足。虽然是同一 IP 地址，但可以通过 DNS 上设置不同的域名对应不同的站点实现大规模虚拟主机应用。

8.2 项目实施

8.2.1 图形界面配置 Apache 服务

配置 Apache 的操作步骤如下：

① 在配置 Apache 服务器前首先配置网络 IP 地址,配置方法参考项目五。此处设置 IP 地址：192.168.1.100,如图 8.5 所示。打开 Apache 配置图形界面选择"系统"→"管理"→"服务器设置"→"HTTP",在主选项卡中添加监听端口,如图 8.6 所示。

图形界面配置
Apache 服务视频

图 8.5　添加指定 IP 地址的监听端口

图 8.6　HTTP 设置窗口

② 除设置默认 80 端口外,还需要添加 8080 和 8008 两个端口(注意：RHE5 中已经使用了 8000 端口,因此这里不要设置为 8000),设置完成的端口信息如图 8.7 所示。

图 8.7　设置完成的端口信息

③ 添加虚拟主机,对于企业主站、办公自动化系统和客户管理系统设置信息参照表 8.1。

表 8.1　虚拟主机参数设置

虚拟主机名	文档根目录	主机信息	端口
hongyi	/var/www/html/hongyi	默认虚拟主机	80
hongyiOA	/var/www/html/oa	默认虚拟主机	8080
hongyiCRM	/var/www/html/crm	默认虚拟主机	8008

设置企业主站参数对话框如图 8.8 所示，设置客户管理系统参数对话框如图 8.9 所示。

图 8.8　设置企业主站参数

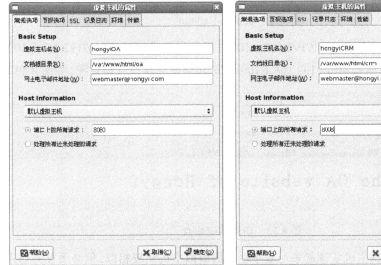

图 8.9　设置客户管理系统参数

保存配置信息提示对话框如图 8.10 所示。

④ 在"/var/www/html"下创建 3 个站点 hongyi（主站）、crm（客户管理系统）和 oa（办公自动化系统）所对应的目录，结果如图 8.11 所示。

图 8.10　保存配置信息

图 8.11　创建站点目录

⑤ 在刚创建的 hongyi 目录下创建文件 index.html，文件内容如图 8.12 所示。然后，将此文件复制到 crm 与 oa 目录内，并分别修改相应文件。

oa 目录下 index.html 第三行改为<h1>This is the OA website of Hongyi</h1>。

crm 目录下 index.html 第三行改为<h1>This is the CRM website of Hongyi</h1>。

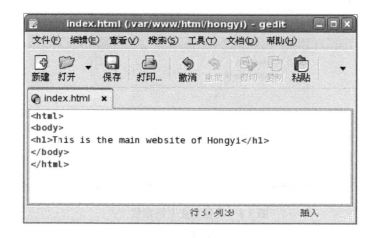

图 8.12　编辑 index.html

⑥ 在浏览器地址栏输入 http://192.168.1.100 访问企业主站；输入 http://192.168.1.100:8080 访问办公自动化系统；输入 http://192.168.1.100:8008 访问企业客户管理系统，如图 8.13 所示。

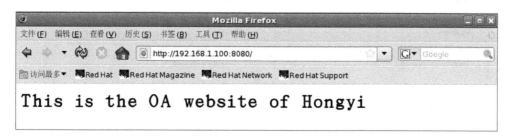

图 8.13　访问相应站点

基于 IP 地址的虚拟主机实现起来与基于端口的虚拟主机比较相似，但必须首先创建多个 IP 地址，用于对应不同的站点。在前面案例的基础上，这里将实现基于 IP 地址的虚拟主机，具体参数参见如 8.2 所示。设置方式参照图 8.14，设置完成后如图 8.15 所示。

表 8.2　虚拟主机参数设置表

虚拟主机名	文档根目录	主 机 信 息	IP 地址
hongyi	/var/www/html/hongyi	默认虚拟主机	192.168.1.100
hongyiOA	/var/www/html/oa	默认虚拟主机	192.168.1.110
hongyiCRM	/var/www/html/crm	默认虚拟主机	192.168.1.120

项目 8　Linux WWW 配置与管理

图 8.14　设置基于 IP 的虚拟主机　　　　图 8.15　设置完成的虚拟主机

8.2.2　修改配置文件配置 Apache 服务

为了进一步实现企业信息化建设，便于宣传企业，同时也为企业进一步发展电子商务应用，在已经搭建的 Web 服务器基础之上实现通过域名访问企业站点，并新增企业电子商务网站，目前已申请的域名信息如表 8.3 所示。

配置文件配置
Apache 服务视频

表 8.3　域名信息

域　　名	应　　用
www.hongyi.net	企业主站
oa.hongyi.net	办公自动化
crm.hongyi.net	客户管理系统
sale.hongyi.net	电子商务网站

主机 IP 地址为 192.168.1.100。本项目要求已有搭建完成的 DNS 服务器，实现对相关域名的解析。在 "/etc/httpd/conf" 文件后面添加如下配置信息（注：每行配置后面为解释说明信息，无须在配置文件中出现）。

```
NameVirtualHost 192.168.1.100              #指定运行虚拟主机的 IP 地址
#以下为企业主站所在虚拟主机的配置信息
<VirtualHost 192.168.1.100:80>
ServerAdmin webmaster@hongyi.net
DocumentRoot /var/www/html/hongyi
ServerName www.hongyi.net
```

```
#以下为设置目录的访问权限
<Directory /var/www/html/hongyi>
AllowOverride None
Options indexes
Order allow,deny
Allow from all
</Directory>
</VirtualHost>
#以下为办公自动化系统所在虚拟主机的配置信息
<VirtualHost 192.168.1.100:80>
ServerAdmin webmaster@hongyi.net
DocumentRoot /var/www/html/oa
ServerName oa.hongyi.net
#以下为设置目录的访问权限
<Directory /var/www/html/oa>
AllowOverride None
Options indexes
Order allow,deny
Allow from all
</Directory>
</VirtualHost>
#以下为客户管理系统所在虚拟主机的配置信息
<VirtualHost 192.168.1.100:80>
ServerAdmin webmaster@hongyi.net
DocumentRoot /var/www/html/crm
ServerName crm.hongyi.net
<Directory /var/www/html/crm>
AllowOverride None
Options indexes
Order allow,deny
Allow from all
</Directory>
</VirtualHost>
#以下为电子商务网站所在虚拟主机的配置信息
<VirtualHost 192.168.1.100:80>
ServerAdmin webmaster@hongyi.net
DocumentRoot /var/www/html/sale
ServerName sale.hongyi.net
<Directory /var/www/html/sale>
```

```
AllowOverride None
Options indexes
Order allow,deny
Allow from all
</Directory>
</VirtualHost>
```

8.3 技术拓展

企业信息化过程中各种应用产生大量的数据，为便于管理各种数据，企业需要建立专用的数据库服务器，承担企业网站后台的数据支持、企业办公自动化软件的支持，以及企业管理系统的数据支持，对于数据库的管理需要保证一定的安全性。

目前，企业用到的软件系统主要是企业网站、办公自动化系统、客户管理系统，以及将来上线的电子商务，这些系统都有非常成熟的开源系统，这些开源系统多数采用 MySQL 作为后台数据库，因此这里选用 MySQL 数据库。在安装 MySQL 之后根据现有系统创建企业网站数据库、客户关系管理数据库和办公自动化系统基础数据库。

8.3.1 MySQL 数据库

MySQL 是一个中、小型关系型数据库管理系统，它是很多 Linux 系统默认的数据库系统，由于其体积小、速度快、低成本的特点，非常受中小企业和个人用户的喜爱，很多中小型网站都是使用 Apache+PHP+MySQL 的环境开发与构建，并且有着卓越的性能。

8.3.2 安装和使用 MySQL

1. MySQL 的安装

由于 MySQL 是一个跨平台的数据库系统，因此在不同平台下的安装有一定的差别，即使在 Linux 系统下也存在安装差别，这是由于 Linux 提供几种不同的安装方式。但总体来说安装起来并不复杂。

MySQL 安装视频

MySQL 安装方法的不同源于有不同的安装包，在其官网上提供二进制安装包、RPM 安装包，以及源代码安装程序。MySQL 如果作为服务程序时需要安装服务器程序，如果只使用 MySQL 数据库只安装客户端软件即可。

（1）安装服务器端

在安装 MySQL 服务器安装包之前有可能需要安装 perl-DBD-MySQL 包，之后才可以安装 mysql-server 包。

```
[root@localhost Server]# rpm -ivh perl-DBD-MySQL-3.0007-2.el5.i388.rpm
[root@localhost Server]# rpm -ivh mysql-server-5.0.77-4.el5_4.2.i388.rpm
```

（2）安装客户端

在安装 MySQL 客户端安装包之前有可能需要安装 perl-DBI 包，之后才可以安装 mysql 客户端。

```
[root@localhost Server]# rpm -ivh perl-DBI-1.52-2.el5.i388.rpm
[root@localhost Server]# rpm -ivh mysql-5.0.77-4.el5_4.2.i388.rpm
```

（3）启动服务

MySQL 安装完成后默认是停止状态，可以用 service 命令查看状态。

```
[root@localhost Server]# service mysqld status
mysqld 已停
```

启动 MySQL 可以通过 service 命令也可以通过 "/etc/init.d/mysql" 文件启动服务，第一次启动服务时会显示较多信息。

```
[root@localhost Server]# service mysqld start
初始化 MySQL 数据库: Installing MySQL system tables...
161021 17:59:51 [Warning] option 'max_join_size': unsigned value 18446744073709551615 adjusted to 4294967295
161021 17:59:51 [Warning] option 'max_join_size': unsigned value 18446744073709551615 adjusted to 4294967295
…
Support MySQL by buying support/licenses at http://shop.mysql.com
                                                                [确定]
启动 MySQL:                                                     [确定]
```

启动文件 mysql 在 /etc/init.d 目录下，启动命令如下：

```
[root@localhost Server]# /etc/init.d/mysql start
```

（4）停止服务

```
[root@localhost Server]# service mysqld stop
```

（5）自启动设置

```
[root@localhost ~]# chkconfig mysqld on
```

2. MySQL 系统的登录

MySQL 需要登录才能使用，用 mysql 命令进行登录，语法如下：

```
mysql [-u username] [-h host] [-p[password]] [dbname]
```

其中，username 与 password 分别是 MySQL 的用户名与密码，通常初始管理账号是 root，密码为空，因此第一次登录时只需输入 mysql 就会显示欢迎信息以及提示符，MySQL 提示符为 ">"。

```
[root@localhost Server]# mysql -u root -p
Enter password:
Welcome to the MySQL monitor.  Commands end with ; or \g.
Your MySQL connection id is 3
Server version: 5.0.77 Source distribution
Type 'help;' or '\h' for help. Type '\c' to clear the buffer.
mysql>
```

在登录系统后，为了安全可以修改 root 用户的密码。修改当前用户密码的命令如下：
```
[root@localhost ~]# /usr/bin/mysqladmin -u root password '123456'
```
Mysqladmin 命令格式：`mysqladmin -u 用户名 -p 旧密码 password 新密码`

如果 root 用户有了密码，在登录时就需要使用以下命令进行登录：
```
mysql -u root -p
Enter password:
```
其中，-u 后跟的是用户名，-p 要求输入密码，按【Enter】键后在输入密码处输入密码。

8.3.3 MySQL 的基本操作

MySQL 的操作通常使用命令方式在其提示符 ">" 后进行输入，在每一条命令后都需要用 ";" 表示词条命令结束。

MySQL 数据库
操作视频

1. **数据库的操作**

（1）显示数据库 show databases

示例 1：显示数据库列表。
```
mysql> show databases;
+----------+
| Database |
+----------+
| mysql    |
| test     |
+----------+
2 rows in set (0.04 sec)
```
刚安装完成的 MySQL 已经有两个数据库：mysql 和 test。其中，mysql 是系统数据库，里面存储着 MySQL 的系统信息。

（2）打开数据库 use

示例 2：打开 mysql 数据库。
```
mysql> use mysql;
Database changed
```
当用户想使用某个非当前数据库中的数据时，首先要打开该数据库，从当前数据库切换到该数据库。

（3）创建数据库 create database

示例 3：创建一个名为 newdatabase 的数据库。
```
mysql> create database newdatabase;
Query OK, 1 row affected (0.02 sec)
```
（4）删除数据库

示例 4：删除名称为 newdatabase 的数据库。
```
drop database newdatabase;
```

2. 表的操作

（1）显示数据库中的表 show tables

示例 5：显示当前打开数据库中的数据表列表。

```
mysql> show tables;
+-----------------+
| Tables_in_mysql |
+-----------------+
| columns_priv    |
| db              |
| func            |
| host            |
| tables_priv     |
| user            |
+-----------------+
6 rows in set (0.01 sec)
```

（2）创建表 create table 表名（字段设定列表）

示例 6：创建表。

在已创建的 newdatabase 库中创建表 usertable，表中有 id(序号，自动增长)、xm（姓名）、xb（性别）、csny（出身年月）4 个字段。

```
mysql> create table usertable  (id int(3) auto_increment not null primary key, xm char(8),xb char(2),csny date);
Query OK, 0 rows affected (0.00 sec)
```

注意：此时创建的表示在当前数据库中创建，如果要在其他数据库中创建表，可以使用 use 命令打开该数据库进行切换。

（3）显示数据表的结构 describe

示例 7：显示数据表结构。

```
mysql> describe usertable;
+-------+---------+------+-----+---------+----------------+
| Field | Type    | Null | Key | Default | Extra          |
+-------+---------+------+-----+---------+----------------+
| id    | int(3)  | NO   | PRI | NULL    | auto_increment |
| xm    | char(8) | YES  |     | NULL    |                |
| xb    | char(2) | YES  |     | NULL    |                |
| csny  | date    | YES  |     | NULL    |                |
+-------+---------+------+-----+---------+----------------+
4 rows in set (0.07 sec)
```

3. 记录操作

（1）插入记录

示例 8：在当前数据库中插入数据。

```
mysql> insert into name values('','张三','男','1971-10-01');
mysql> insert into name values('','白云','女','1972-05-20');
```

（2）查询记录

命令格式：select * from 表名；

可用 select 命令来验证刚才插入的数据。

```
mysql> select * from name;
+----+------+------+------------+
| id | xm   | xb   | csny       |
+----+------+------+------------+
| 1  | 张三 | 男   | 1971-10-01 |
| 2  | 白云 | 女   | 1972-05-20 |
+----+------+------+------------+
```

（3）修改记录

示例 9：将张三的出生年月改为 1971-01-10。

```
mysql> update name set csny='1971-01-10' where xm='张三';
```

（4）删除记录

示例 10：删除张三的记录。

```
mysql> delete from name where xm='张三';
```

小　　结

本项目主要介绍了 WWW 服务的基本概念与原理，并重点讲解了 Apache 服务器的安装、启动与配置，通过创建企业网站的案例演示了 Apache 服务器虚拟主机配置的应用，以此达到掌握 WWW 服务的基本应用。

练　　习

1. 创建 Web 服务器，同时创建一个名为 "/myweb" 的虚拟目录，并完成以下设置：

（1）设置 Apache 跟目录为 "/etc/httpd"。

（2）设置首页名称为 test.html。

（3）设置超时时间为 240s。

（4）设置客户端连接数为 500。

（5）设置管理员 E-mail 地址为 root@smile.com。

（6）虚拟目录对应的实际目录为 "/linux/apache"。

（7）将虚拟目录设置为仅允许 192.168.0.0/24 网段的客户访问。分别测试 Web 服务器和虚拟目录。

2. 创建虚拟主机，并完成以下设置：

（1）创建 IP 地址为 192.168.0.1 的虚拟主机 1，对应的文档目录为"/usr/local/www/web1"。

（2）仅允许来自".smile.com"域的客户端可以访问虚拟主机 1。

（3）创建 IP 地址为 192.168.0.2 的虚拟主机 2，对应的文档目录为"/usr/local/www/web2"。

（4）仅允许来自".long.com"域的客户端可以访问虚拟主机 2。

→ Linux VPN 配置与管理

随着企业的不断发展，企业在外地设置了办事处，经常与总部进行各种业务联系，需要频繁使用企业内部的信息资源，但企业为了安全，将内部网络与互联网之间设置了隔离（防火墙），因此不能直接从外网访问内部网络系统。为了便于外地办事处使用企业内部资源，现在需要构建便捷安全的访问方式，这种访问方式能够提供安装方便、兼容性好，能够无限制地访问内网资源。

9.1 技术准备

虚拟专用网（Virtual Private Network，VPN）是指在公用网络上建立起来的专用网络，其结点之间的连接不是传统意义上的端到端的物理链路，而是架构在公共网络平台上的逻辑网络。VPN 实质上就是利用加密技术在公网上封装出一个数据通信隧道。用户可以通过 VPN 在企业网络之外的区域（例如：在外地出差或是在家中办公），借助互联网很便捷地访问内网资源，因此这项技术在企业中应用非常广泛。

VPN 可为企业带来很多的好处，通过使用 VPN 可以大大降低通信成本，建立在数据加密和身份认证基础之上的 VPN 技术可以提供安全可靠的数据传输，基于 VPN 技术企业可以更加自主、便捷地创建与其他企业的网络连接。

9.1.1 VPN 的种类

根据划分 VPN 种类的标准不同，因此也有不同的划分方法。

1. **按协议分类**

VPN 技术关键是隧道技术，建立虚拟信道所用的隧道协议主要有 4 种：PPTP、L2TP、IPSec 和 SSTP，因此在常用的 VPN 也就基于这 4 种协议。

2. **按设备类型分类**

一些网络设备也具有 VPN 功能，可以通过这些设备构建 VPN，交换机、路由器和防火墙都可以具有 VPN 功能，因此可以分为路由器式 VPN、交换机式 VPN、防火墙式 VPN。其中路由器式 VPN 部署简单，防火墙式 VPN 是最常见的一种 VPN 的实现方式。

3. **按实现方式分类**

VPN 的实现有很多种方法，常用的有以下四种：

① VPN 服务器：在大型局域网中，可以在网络中心通过搭建 VPN 服务器的方法来实现。

② 软件 VPN：可以通过专用的软件来实现 VPN。

③ 硬件 VPN：可以通过专用的硬件来实现 VPN。

④ 集成 VPN：很多的硬件设备，如路由器、防火墙等，都含有 VPN 功能，但是一般拥有 VPN 功能的硬件设备通常都比没有这一功能的要贵。

VPN 的种类与实现方式都不止一种，因此在选择使用时就有多种选择方式：PPTP 适用于远程用户，用户对安全性要求不高；IPSec 适用于远程的群组用户或安全度要求较高情况，但相比 PPTP 而言 IPSec 配置较为复杂。对于外部访问数量较少，且对安全需求一般，便于搭建的情况来说采用 PPTP 构建 VPN 比较合适。

9.1.2　PPTP 协议

PPTP 协议（Point to Point Tunneling Protocol）即点到点隧道协议。它工作在 OSI 模型的第二层，又称二层隧道协议。基于 PPTP 协议的 VPN 本质上是虚拟的点对点链路，PPTP 协议首先把到达远端内网的数据包打包成 PPP 帧，然后再对这些 PPP 帧进行二次封装，以便于能够在其他物理链路上进行传送。基于 PPTP 协议的 VPN 有控制信道和数据信道之分，控制信道连接到 VPN 服务器的 TCP1723 端口，起着控制和管理 VPN 隧道的功能，数据信道是传送 PPP 帧的信道。

点对点隧道协议（PPTP）是由包括微软和 3Com 等公司组成的 PPTP 论坛开发的一种点对点隧道协议，基于拨号使用的 PPP 协议使用 PAP 或 CHAP 等加密算法，或者使用 Microsoft 的点对点加密算法 MPPE。其通过跨越基于 TCP/IP 的数据网络创建 VPN 实现了从远程客户端到专用企业服务器之间数据的安全传输，工作原理如图 9.1 所示。PPTP 支持通过公共网络（例如 Internet）建立按需的、多协议的、虚拟专用网络。PPTP 允许加密 IP 通信，然后在要跨越公司 IP 网络或公共 IP 网络（如 Internet）发送的 IP 头中对其进行封装。

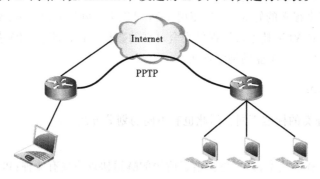

图 9.1　PPTP VPN 工作原理

9.1.3　PPTP 的安装和配置

1. PPTP VPN 安装

PPP 点对点协议（Point-to-Point Protocol）和 PPTPD VPN 服务，一般情况下 PPP 为默认安装，如果没有安装可参考以下方式进行安装，安装程序在 REHL 安装光盘中。

PPTP VPN 安装视频

```
[root@localhost Server]# rpm -ivh ppp-2.4.4-2.el5.x86_64.rpm
```

安装 PPTP 的 rpm 包。

```
[root@localhost ~]# rpm -ivh pptpd-1.4.0-1.rhel5.i386.rpm
```

2. PPTP 的配置

PPTP 服务器配置过程涉及三方面的内容,PPTP 配置信息、PPP 组件信息和 iptables 相关配置。

(1) PPTPD 配置文件/etc/pptpd.conf

PPTPD 配置文件的主要参数有以下几项:

```
option /etc/ppp/options.pptpd      #用于指定 PPP 组件将使用的配置文件
localip 10.10.10.10                #用于指定 VPN 服务器的地址
remoteip 10.10.10.1-150            #用于指定 VPN 服务器分配给客户端的 IP 段
```

(2) PPP 组件配置文件:/etc/ppp/options.pptpd

PPTP VPN 的加密和验证都与 PPP 相关,所以 PPTP 的加密和验证选项都将在这个配置文件中进行配置。

```
Auth                      #启用身份验证
name VPNname              #设置的 VPN 服务器名称
refuse-pap                #拒绝 pap 身份验证
refuse-chap               #拒绝 chap 身份验证
refuse-mschap             #拒绝 mschap 身份验证
refuse-eap                #拒绝 eap 身份验证
require-mschap-v2         #接受 mschap-v2 身份验证
require-mppe-128          #要求 128 位 MPPE 加密,还可以是 require-mppe
nomppe-stateful           #无状态,有状态为 mppe-stateful
ms-dns 150.0.1.88         #VPN 服务器的 DNS,存放在/etc/resolv.conf 中
proxyarp                  #启用 ARP 代理,如果分配给客户端的 IP 与内网卡同一个子网
```

(3) 用户和密码信息配置文件:/etc/ppp/chap-secrets

连接到 VPN 的用户信息存储在"/etc/ppp/chap-secrets"文件中,该文件由 4 个字段组成,分别是 VPN 用户名称(Client)、VPN 服务器名称(Server)、登录密码(Secret)和允许接入的 IP 地址(IP Addresses)。

```
# Secrets for authentication using CHAP
# client              secret          IP addresses
  username      *     123456          *
```

其中,VPN 服务器的名字须同"/etc/ppp/options.pptpd"文件中指定的服务器名称一致,或者用"*"号来表示自动识别服务器。客户端 IP 地址如果不需要做特别限制可以将其设置为"*"号。

(4) 打开内核转发

```
[root@localhost Server]# vi /etc/sysctl.conf
net.ipv4.ip_forward = 1
```

编辑该文件将 net.ipv4.ip_forward 设置为 1,保存后执行以下命令,打开内核转发功能。

```
[root@localhost Server]# sysctl -p
```

（5）启动 PPTPD 服务

```
[root@localhost Server]# service pptpd start
Starting pptpd:                                          [确定]
```

（6）防火墙设置

VPN 服务的基本目标是建立安全的访问方式，因此在 VPN 服务器部署完成后，需要通过防火墙的设置实现 VPN 服务的控制。

首先，需要设置 IP 伪装转发，通过 VPN 连接的远程计算机才能互相连通，实现如同局域网那样的共享，用下面的命令进行设置：

```
[root@localhost~]# echo 1> /proc/sys/net/ipv4/ip_forward
```

以上命令只能够暂时生效，如果需要长久有效需要编辑"/etc/sysctl.conf"文件，将该字段值由原来的"0"改为"1"即可。

```
[root@localhost ~]# vi /etc/sysctl.conf
net.ipv4.ip_forward = 1
```

其次，PPTP 本身需要使用相关端口进行通信，所以需要将 Linux 服务器的 1723 端口和 47 端口打开，并打开 GRE 协议，以便允许 VPN 连接。

示例 1：设置 TCP 协议的 1723 端口可以访问。

```
[root@localhost ~]# iptables -I INPUT -p tcp -dport 1723 -j ACCEPT
```

示例 2：设置 TCP 协议的 47 端口可以访问。

```
[root@localhost ~]# iptables -I INPUT -p tcp -dport 47 -j ACCEPT
```

示例 3：设置 gre（通用路由封装）协议可以访问。

```
[root@localhost ~]# iptables -I INPUT -p gre -j ACCEPT
```

另一方面，通过防火墙制定相应的约束规则以达到对 VPN 访问的可控制性，即哪些请求可以被 VPN 服务器处理，哪些请求需要被拒绝等实现更为复杂的安全访问机制。

在 VPN 客户端连接成功以后，本地网络的默认网关会变为 VPN 服务器的 VPN 内网地址，这样会导致客户端只能够连接 VPN 服务器及其所在的内网，而不能访问互联网，因此需要设置防火墙数据包转发功能。

示例 4：设置数据包转发。

```
[root@localhost ~]# iptables -t nat -A POSTROUTING -s 192.168.0.0/24 -j SNAT -to 10.10.45.80
```

9.2 项目实施

如图 9.2 所示，总部服务器 IP 地址为 10.10.200.0/24，使用安装了 Iptables 防火墙的 Linux 作为服务器，在这台服务器上安装 PPTP VPN 服务，外地办事处通过 PPTP VPN 与其实现点到点的 VPN 连接，外地办事处的网络 IP 地址为 192.168.188.1/24。双方都已接入因特网。

由于本项目实施拓扑结构在虚拟机环境下实现较为复杂，因此对上面实际的环境进行简化通过虚拟机环境下实现 VPN 的配置与验证。

PPTP 案例配置视频

项目 ❾ Linux VPN 配置与管理

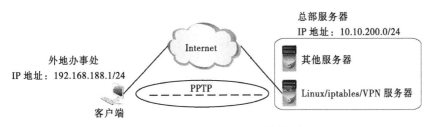

图 9.2 项目拓扑结构图

9.2.1 PPTP VPN 的配置

1. 软件安装

PPP 与 PPTP 等软件包的安装内容与安装过程可参照 9.1 节。

2. 基本网络参数设置

① 虚拟机中的 Linux 系统 eth0 的 IP 地址设置为 192.168.188.134，模拟该服务器的外网 IP 地址，新建 eth1 的 IP 地址为 10.10.200.1，模拟内网 IP。具体命令如下：

② 配置 eth0、eth1：

```
[root@localhost ~]# ifconfig eth0 192.168.188.134 NETMASK 255.255.255.0 up
[root@localhost ~]# ifconfig eth1 10.10.200.1 NETMASK 255.255.0.0 up
```

3. 配置相关文件

① 配置 PPTPD 的主配置文件/etc/pptpd.conf，需要指定 PPP 组件的配置文件名为 "/etc/ppp/options.pptpd"，VPN 服务器的 IP 地址为 192.168.188.134 ，以及客户端的 IP 地址段 192.168.188.1~100。参考配置文件内容如下：

```
option /etc/ppp/options.pptpd
localip 192.168.188.134
remoteip 192.168.188.1-100
```

② 配置 PPP 组件的配置文件：/etc/ppp/options.pptpd，确认以下选项都启用。

```
Auth
name LinVPN
refuse-pap
refuse-chap
refuse-mschap
refuse-eap
require-mschap-v2
require-mppe-128
nomppe-stateful
ms-dns 192.168.188.134
proxyarp
logfile /var/log/pptpd.log
```

③ 在 "/etc/ppp/chap-secrets" 文件中配置连接到 VPN 服务器的用户和密码信息：

```
# Secrets for authentication using CHAP
```

```
# client          server          secret          IP addresses
  vuser01         *               123456          *
  vuser02         *               123456          *
```

4. 设置防火墙

① 开启 IP 转发功能。

```
[root@localhost ~]# vi /etc/sysctl.conf
net.ipv4.ip_forward = 1
```

② 打开 TCP 协议的 1723 和 47 端口可以访问。

```
[root@localhost ~]# iptables -I INPUT -p tcp -dport 1723 -j ACCEPT
[root@localhost ~]# iptables -I INPUT -p tcp -dport 47 -j ACCEPT
```

③ 打开 gre 协议访问权限。

```
[root@localhost ~]# iptables -I INPUT -p gre -j ACCEPT
```

④ 设置共享 IP、NAT 表预路由

```
[root@localhost ~]# iptables -t nat -A POSTROUTING -s 192.168.0.0/24 -o eth0 -j MASQUERADE
```

⑤ 保存并重启防火墙。

```
[root@localhost ~]# iptables-save > /etc/sysconfig/iptables
[root@localhost ~]# service iptables restart
```

⑥ 重启 PPTPD 服务。

```
[root@localhost ~]# pptpd restart-kill
```

9.2.2 VPN 的使用

以下在 Windows 10 中进行测试：

① 在"系统"选项中打开"设置"并单击"网络和 Internet"，如图 9.3 所示，在打开的"网络和 Internet"中单击"添加 VPN 连接"按钮添加 VPN，如图 9.4 所示。

图 9.3 Windows 的设置窗口

项目 9 Linux VPN 配置与管理

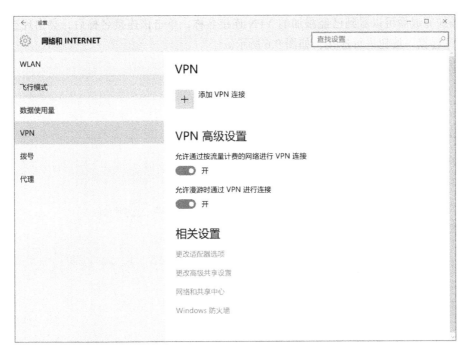

图 9.4 网络和 Internet 窗口

② 在"添加 VPN 连接"窗口中将 VPN 提供商设置为"Windows（内置）"，服务器名称或地址设为刚才创建的 VPN 服务器的 IP 地址，VPN 类型选择"点对点隧道协议（PPTP）"，登录信息的类型设置为"用户名和密码"，如图 9.5 所示。

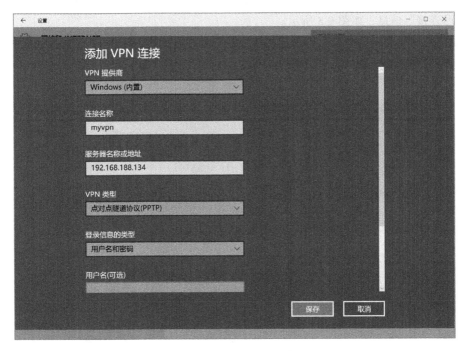

图 9.5 添加 VPN 连接

193

③ 添加完成后可以看到已经添加的 VPN 连接名称，单击该连接名称后，会出现连接按钮，单击"连接"按钮进行连接，如图 9.6 所示。

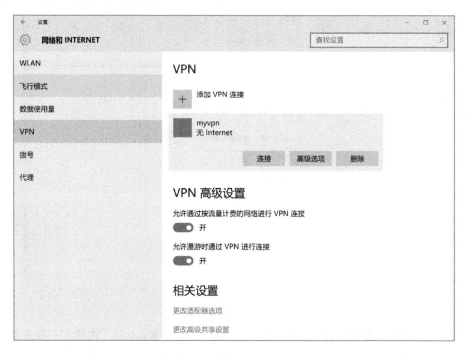

图 9.6　创建完成的 VPN 连接

④ 在登录窗口中输入 VPN 用户的用户名和密码进行登录，如图 9.7 所示，登录成功后会显示"已连接"信息，如图 9.8 所示。

⑤ 通过"网络和共享中心"的基本网络信息中可以看到刚才连接的 VPN 已经在网络连接列表中出现，如图 9.9 所示。

图 9.7　登录 VPN 窗口

项目 9　Linux VPN 配置与管理

图 9.8　登录 VPN 成功

图 9.9　查看活动网络

⑥ 单击该连接后可以查看其详细信息，如图 9.10 所示。

图 9.10　VPN 连接信息

9.3　技术拓展

9.3.1　几种 VPN 协议对比

VPN 技术的发展已经融合了访问控制、传输管理、加密、路由选择、可用性管理等多种功能，信息安全体系中发挥着重要的作用。以下根据访问控制、安全性、易用性与可扩展等各方面进行比较，为用户选择不同种类的 VPN 提供参考，如表 9.1 所示。

表 9.1　几种 VPN 的比较

类型	名称	加密方式或协议	复杂度	安全性	应用兼容性
PPTP	点对点信道协议	Mppe（微软点对点加密协议）	一般	一般	一般
L2TP	第二层通道协议	mppe、IPSec	一般	一般	可以直接在各种 WAN 媒介上使用
IPSec	安全 IP（IPSec）隧道模式	ESP 协议	复杂	高	具备广泛的兼容性，厂商的支持最多
SSTP	基于 SSL 的 VPN	SSL 加密	一般	高	通过浏览器访问网络上特定应用程序而不是整个网络

9.3.2　PPTP VPN 搭建配置过程中常见问题

对于核心版本较低的 Linux 系统实现 PPTP VPN 时还需要安装动态内核加载模块（Dkms）和升级对微软点对点加密协议 MPPE（Microsoft Point to Point Encryption）的支持。

示例 5:安装 dkms。

[root@localhost ~]# rpm -ivh dkms-2.0.17.5-1.noarch.rpm

升级 ppp 对 MPPE:如果 PPP 不支持 MPPE,可通过以下命令查询。

[root@localhost ~]# strings '/usr/sbin/pppd'|grep -I mppe|wc -l
42

结果显示 0,则表示 PPP 不支持 MPPE;如果大于 30,则表示支持。如果不支持则需要更新系统的 PPP,可采用以下更新命令:

[root@localhost ~]# rpm -Uvh ppp-2.4.4-2.e15.rpm

小 结

本项目对 Linux VPN 配置与管理进行了介绍,首先简单介绍了 VPN 的种类及 PPTP 协议,然后介绍了 PPTP 的安装和配置,最后通过一个项目实例介绍了如何在 Linux 服务器上安装与配置 VPN 服务器,以及 VPN 服务器的使用方法。

练 习

为企业搭建 VPN 服务,总公司内部网络 192.168.10.0/24,在虚拟机上安装 PPTP VPN 服务,分公司与总公司通过 PPTP VPN 进行连接,分公司网络 192.168.20.0/24。在连接完成后进行访问测试。

邮件服务器配置与管理

企业电子邮箱是企业规模不断发展，业务不断拓宽过程中的一项重要资源。企业商务活动中对电子邮件的依赖性很强，因此拥有企业自己的邮件系统是企业发展到一定阶段必不可少的信息服务项目。企业可以通过购买商业邮件服务，也可以通过自己搭建邮件系统来实现此项服务。

10.1 技术准备

邮件服务是目前互联网上主要的信息服务之一，因此诸多网络操作系统都提供对邮件服务的支持，Linux 系统一直有着很好的邮件服务器来支持和实现此项服务。

10.1.1 邮件服务的工作原理

1. 邮件服务系统

（1）电子邮件地址

电子邮件在使用过程中，用户通过邮件地址彼此确认对方并进行通信。电子邮件由两部分组成：第一部分标识用户的邮箱；第二部分标识计算机。通过@将两部分连接在一起，如 zhangsan@123.com。

（2）电子邮件系统组成

电子邮件系统由邮件用户代理（客户端应用程序）、邮件服务器、邮件检索代理等三部分组成。

① 邮件用户代理（Mail User Agent，MUA）：用于接收邮件服务器上的电子邮件，以及提供用户浏览和编写邮件的功能，即通常所说的邮件客户端应用程序。常见的邮件 MUA 软件有：MS Outlook Express（Outlook）、Foxmail、Thunderbird 等。

② 邮件服务器也称邮件传输代理（Mail Transfer Agent，MTA），用于收取信件。在接收邮件时使用简单邮件传输协议（Simple Mail Transfer Protocol，SMTP）。常见的提供 MTA 功能的软件有 sendmail、postfix、qmail，以及 Windows 平台下的 Exchange。在 MTA 中邮件投递转发功能由邮件投递代理（Mail Delivery Agent，MDA）实现。

③ 邮件检索代理（Mail Retrieval Agent，MRA），通过（POP3 或者 IMAP4）协议来收取邮件。

（3）POP3 的收信方式

MUA（邮件客户端软件）通过邮政服务协议（Post Office Procotol Version 3，POP3）连接到 MRA 的 110 端口，并提供账号和密码用于获得授权。MRA 确认账号和密码后从用户的邮箱获取邮件，并传递给 MUA 软件，当所有的信件传送完毕后，用户邮箱（Mailbox）内的数据会被清空。

（4）IMAP4 的收信方式

IMAP4 的收信方式与 POP3 收信方式相同点是需要账号和密码获取授权，不同点在于取回邮件后，在服务器上保存在账号相应的目录下，常见的 MRA 有 cyrus-imap、dovecot。

2. 工作原理

① 发件人通过用户代理 MUA 编写电子邮件，通过 SMTP 协议将邮件发送给邮件服务器。

② SMTP 服务器收到客户端发送来的邮件，将其放到邮件缓冲队列中，等待发送到接收方的服务器中。

③ 发送服务器的 SMTP 客户端与接收服务器的 SMTP 服务器建立 TCP 连接，然后把缓冲队列中的邮件发到目的服务器。

④ 运行在接收方服务器的 SMTP 服务器进程收到邮件后，把邮件发到收件人信箱，等待读取。

⑤ 收件人通过客户端软件，使用 POP3（IMAP）协议读取邮件。

工作过程如图 10.1 所示。

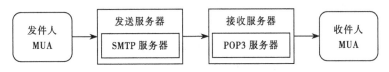

图 10.1　邮件服务工作过程

10.1.2　Sendmail 服务器

Sendmail 是 Linux（或 UNIX）系统中性能稳定、使用普遍的邮件服务器。Sendmail 服务器可以实现基本的邮件转发功能，如果配合 dovecot 服务器对 POP3 协议的支持，可以实现用户对邮件的收取功能。

1. Sendmail 服务器的安装与配置

（1）DNS 服务设置

邮件服务器的正常工作需要 DNS 服务器的支持，即邮件服务器在工作过程中需要通过 DNS 服务器对其进行域名解析。虽然邮件服务器可以通过 IP 地址访问，但通过域名访问更加方便。因此，在 DNS 服务搭建完成的基础上在 DNS 服务器中需要添加对应的 MX 记录。

示例 1：DNS 服务器正向区域文件中添加 MX 记录。

```
@       IN      MS      1       mail.example.com.
mail    IN      A       192.168.1.100
```

示例 2：DNS 服务器反向解析区域文件中添加记录。

```
100     IN      PTR     mail.example.com.
```

（2）Sendmail 的安装

Sendmail 服务器在 RHEL 系统中是被默认安装的，软件包的名称是 sendmail，m4 软件包提供了配置 Sendmail 服务器必需的工具程序，与 Sendmail 软件包一同默认安装在系统中。

```
[root@localhost ~]# rpm -qa|grep sendmail
```

```
sendmail-8.13.8-8.el5
[root@localhost ~]# rpm -qa|grep m4
m4-1.4.5-3.el5.1
```

如果没有安装以上程序包，可以参照以下命令安装这两项。

```
[root@localhost Server]# rpm -ivh sendmail-8.13.8-8.el5.i386.rpm
[root@localhost Server]# rpm -ivh m4-1.4.5-3.el5.1.i386.rpm
```

Sendmail 服务器在配置过程中配置文件可以通过相应模板文件得到，以下命令为安装配置相关文件。

```
[root@localhost Server]# rpm -ivh sendmail-cf-8.13.8-8.el5.i386.rpm
```

（3）Sendmail 服务配置

① 设置 local-host-names 文件："/etc/mail/local-host-name" 用于设置邮件服务器提供邮件服务的域名。该文件对邮件服务器而言十分重要，可以用它来实现虚拟域名或多域名支持。

示例 3：设置 local-host-names 文件。

```
[root@localhost ~]# vi /etc/mail/local-host-names
example.com
# local-host-names - include all aliases for your machine here.
~
```

② 开启 Sendmail 服务器的网络接口：Sendmail 配置文件为 sendmain.cf，由于该文件非常复杂，往往通过配置 sendmail.mc 后由其生成 sendmail.cf 文件。

Sendmail 默认只对 lo 网络接口（IP 地址为 127.0.0.1）提供服务，这样做的目的是从安全角度考虑。实际应用中往往需要对所有网络接口提供服务，因此需要在 sendmail.mc 文件中将原有的 127.0.0.1 网络接口修改为 0.0.0.0。

示例 4：开放服务器的网络接口。

- 编辑 sendmail.mc 文件。

```
[root@localhost Server]# vi /etc/mail/sendmail.mc
```

- 配置文件原来设置。

```
DAEMON_OPTIONS(`Port=smtp,Addr=127.0.0.1, Name=MTA')dnl
```

- 修改后的设置。

```
DAEMON_OPTIONS(`Port=smtp,Addr=0.0.0.0, Name=MTA')dnl
```

③ 开启 SMTP 用户认证功能：默认配置不支持 SMTP 用户认证，开启该项认证后用户需要提供用户账户和密码进行身份认证，通过身份认证后的用户才能通过邮件服务器向外部发送邮件。可以通过将 TRUST_AUTH_MECH('EXTERNAL DIGEST-MD5 CRAM-MD5 LOGIN PLAIN')前面的 dnl 以及空格去掉即可。

示例 5：开启 SMTP 用户认证功能。

- 配置文件原来设置。

```
dnl TRUST_AUTH_MECH(`EXTERNAL DIGEST-MD5 CRAM-MD5 LOGIN PLAIN')dnl
```

- 修改后的设置。

```
TRUST_AUTH_MECH(`EXTERNAL DIGEST-MD5 CRAM-MD5 LOGIN PLAIN')dnl
```

④ 生成 sendmail.cf 文件：

项目 10 邮件服务器配置与管理

在修改 sendmail.mc 文件后,使用 m4 工具生成 sendmail.cf 文件。进入"/etc/mail"目录,然后使用 m4 sendmail.mc > sendmail.cf 生成 sendmail.cf 文件。

示例 6:生成 sendmail.cf 文件。

```
[root@localhost Server]# cd /etc/mail
[root@localhost mail]# m4 sendmail.mc>sendmail.cf
```

⑤ 启动邮件服务:启动 Sendmail 服务,使修改后的 sendmial.cf 配置生效。

示例 7:重启 Sendmail 服务。

```
[root@localhost mail]# service sendmail restart
关闭 sm-client:                                    [确定]
关闭 sendmail:                                     [确定]
启动 sendmail:                                     [确定]
启动 sm-client:                                    [确定]
```

⑥ 启动 saslauthd 服务:Sendmail 服务器的认证功能需要 Saslauthd 服务程序支持,因此在启动 Sendmail 服务后必须确保 saslauthd 服务也处在运行状态。如果没有启动,参照以下命令启动该服务。

```
[root@localhost mail]# service saslauthd status
saslauthd 已停
[root@localhost mail]# service saslauthd start
启动 saslauthd:                                    [确定]
```

⑦ 设置邮件用户账户:

Sendmail 服务器在账户管理时需要使用 Linux 系统中的用户账户作为邮件账户,因此可以通过组群管理用户。邮件账户可以采用非登录用户,减少由此带来的不安全性。

示例 8:创建邮件用户组群和邮件用户。

```
[root@localhost mail]# groupadd mailgrp
[root@localhost mail]# adduser -g mailgrp -s /sbin/nologin mailuser01
[root@localhost mail]# adduser -g mailgrp -s /sbin/nologin mailuser02
[root@localhost mail]# passwd mailuser01
Changing password for user mailuser01.
New UNIX password:
BAD PASSWORD: it is too simplistic/systematic
Retype new UNIX password:
passwd: all authentication tokens updated successfully.
[root@localhost mail]# passwd mailuser02
Changing password for user mailuser02.
New UNIX password:
BAD PASSWORD: it is too simplistic/systematic
Retype new UNIX password:
passwd: all authentication tokens updated successfully.
```

2. dovecot 服务器的安装与配置

Sendmail 服务器并不为 MUA 软件提供收取邮件的功能,因此系统中需要单独安装实现

POP3 或 IMAP4 功能的服务器程序。Dovecot 是近些年很受欢迎的一款优秀 IMAP/POP 服务器，用于接收外界发送到本机的邮件。Dovecot 借助 MySQL 数据库实现对用户身份的验证。

（1）安装 MySQL 和 Dovecot

Dovecot 的认证需要 MySQL 的支持，因此在安装之前先保证 MySQL 安装。

示例 9：安装 MySQL（可能需要安装 perl 和 perl-DBI）

```
[root@localhost Server]# rpm -ivh perl-5.8.8-32.el5_5.2.x86_64.rpm
[root@localhost Server]# rpm -ivh perl-DBI-1.52-2.el5.x86_64.rpm
[root@localhost Server]# rpm -ivh mysql-5.0.77-4.el5_5.4.x86_64.rpm
warning: mysql-5.0.77-4.el5_5.4.x86_64.rpm: Header V3 DSA signature: NOKEY, key ID 37017186
   Preparing...            ########################################### [100%]
      1:mysql              ########################################### [100%]
[root@localhost Server]# rpm -ivh perl-DBD-MySQL-3.0007-2.el5.x86_64.rpm
warning: perl-DBD-MySQL-3.0007-2.el5.x86_64.rpm: Header V3 DSA signature: NOKEY, key ID 37017186
   Preparing...            ########################################### [100%]
      1:perl-DBD-MySQL     ########################################### [100%]
[root@localhost Server]# rpm -ivh mysql-server-5.0.77-4.el5_5.4.x86_64.rpm
warning: mysql-server-5.0.77-4.el5_5.4.x86_64.rpm: Header V3 DSA signature: NOKEY, key ID 37017186
   Preparing...            ########################################### [100%]
      1:mysql-server       ########################################### [100%]
[root@localhost Server]# service mysqld start
初始化 MySQL 数据库: Installing MySQL system tables...
OK
Filling help tables...
OK
To start mysqld at boot time you have to copy
support-files/mysql.server to the right place for your system
PLEASE REMEMBER TO SET A PASSWORD FOR THE MySQL root USER !
To do so, start the server, then issue the following commands:
/usr/bin/mysqladmin -u root password 'new-password'
/usr/bin/mysqladmin -u root -h localhost.localdomain password 'new-password'
Alternatively you can run:
/usr/bin/mysql_secure_installation
which will also give you the option of removing the test
databases and anonymous user created by default.  This is
strongly recommended for production servers.
See the manual for more instructions.
You can start the MySQL daemon with:
```

```
cd /usr ; /usr/bin/mysqld_safe &
You can test the MySQL daemon with mysql-test-run.pl
cd mysql-test ; perl mysql-test-run.pl
Please report any problems with the /usr/bin/mysqlbug script!
The latest information about MySQL is available on the web at
http://www.mysql.com
Support MySQL by buying support/licenses at http://shop.mysql.com
                                                    [确定]


启动 MySQL:                                          [确定]
```

示例 10: 安装 Dovecot。

```
[root@localhost Server]# rpm -ivh dovecot-1.0.7-7.el5.x86_64.rpm
warning: dovecot-1.0.7-7.el5.x86_64.rpm: Header V3 DSA signature: NOKEY,
key ID 37017186
    Preparing...              ########################################### [100%]
       1:dovecot              ########################################### [100%]
```

（2）Dovecot 配置

安装好 Dovecot 软件包之后，需要设置其配置文件 dovecot.conf 文件，Dovecot 配置较简单，只需添加对 imaps、pop3、pop3s 即可，Dovecot 默认只支持 imap。

示例 11: 添加对 imaps、pop3、pop3s 的支持。

```
[root@localhost mail]# vi /etc/dovecot.conf
Protocols = imap imaps pop3 pop3s
```

示例 12: 重启 Dovecot 服务。

```
[root@localhost mail]# service dovecot restart
关闭 Dovecot Imap:                                   [确定]
启动 Dovecot Imap:                                   [确定]
```

10.2　项 目 实 施

在企业 DNS 服务器搭建完成后，安装和部署企业邮件服务器，要求在 DNS 服务中添加对邮件服务器的支持，安装和配置邮件服务器，能够通过邮件客户端软件进行邮件的收发。

10.2.1　DNS 服务器配置解析 MX 记录

邮件服务器需要 DNS 服务器为其提供域名解析功能，因此需要在 DNS 相关配置中添加对邮件服务器的支持。其中加粗部分为新添加内容。

① 正向解析文件：

```
[root@localhost ~]# vi /var/named/hongyi.zone
$TTL    86400
@         IN SOA dns.hongyi.net.   root.localhost (
```

```
                            42              ; serial (d. adams)
                            3H              ; refresh
                            15M             ; retry
                            1W              ; expiry
                            1D )            ; minimum
@            IN  NS     dns.hongyi.net.
@            IN  MX  1  mail.hongyi.net.
dns          IN  A      192.168.1.106
www          IN  A      192.168.1.106
oa           IN  A      192.168.1.107
crm          IN  A      192.168.1.107
sale         IN  A      192.168.1.107
```

② 反向解析文件:

```
 [root@localhost ~]# vi /var/named/192.168.1.zone
$TTL    86400
@       IN      SOA     dns.hongyi.net. root.localhost. (
                            1997022700 ; Serial
                            28800      ; Refresh
                            14400      ; Retry
                            3600000    ; Expire
                            86400 )    ; Minimum
             IN      NS      hongyi.net.
106          IN      PTR     dns.hongyi.net.
106          IN      PTR     mail.hongyi.net.
106          IN      PTR     www.hongyi.net.
107          IN      PTR     oa.hongyi.net.
107          IN      PTR     crm.hongyi.net.
107          IN      PTR     sale.hongyi.net.
```

10.2.2 配置 sendmail 服务

1. 配置 Sendmail 服务

（1）设置 local-host-names 文件

```
[root@localhost ~]# vi /etc/mail/local-host-names
hongyi.net
```

（2）配置 sendmail.mc

```
[root@localhost Server]# vi /etc/mail/sendmail.mc
DAEMON_OPTIONS(`Port=smtp,Addr=0.0.0.0, Name=MTA')dnl
...
TRUST_AUTH_MECH(`EXTERNAL DIGEST-MD5 CRAM-MD5 LOGIN PLAIN')dnl
```

生成 sendmail.cf 文件:

Sendmail 服务器的配置视频

```
[root@localhost Server]# cd /etc/mail
[root@localhost mail]# m4 sendmail.mc>sendmail.cf
```
（3）启动 sendmail 服务
```
[root@localhost mail]# service sendmail restart
关闭 sm-client:                                          [确定]
关闭 sendmail:                                           [确定]
启动 sendmail:                                           [确定]
启动 sm-client:                                          [确定]
```
（4）启动 saslauthd 服务
```
[root@localhost mail]# service saslauthd start
启动 saslauthd:                                          [确定]
```
（5）设置邮件用户账户

此步省略，沿用前面示例中用户即可。

2. dovecot 服务配置

安装 MySQL 和 Dovecot，安装过程参照前面内容，确保 MySQL 正常启动。
```
[root@localhost mail]# vi /etc/dovecot.conf
Protocols = imap imaps pop3 pop3s
```
重启 Dovecot 服务：
```
[root@localhost mail]# service dovecot restart
关闭 Dovecot Imap:                                       [确定]
启动 Dovecot Imap:                                       [确定]
```

10.2.3 客户端验证

测试在 Windows 中进行，首先确保 Windows 虚拟机与 Linux 虚拟机在同一个网络中，彼此通信正常。值得注意的是，在 Linux 中需要在防火墙及 SELinux 设置将 DNS、邮件服务等放行，否则测试过程中会出现无法访问主机的情况。

① 为了简化操作，可以将防火墙和 SELinux 禁用，如图 10.2 所示。

图 10.2　禁用防火墙和 SELinux

② 在 Windows 的 Outlook 中创建电子邮件账号，显示名为 mailuser01，如图 10.3 所示。

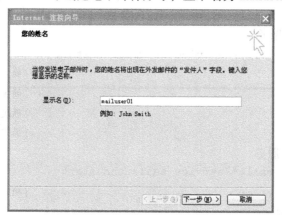

图 10.3　输入显示名

③ 在电子邮件地址栏中输入电子邮件 mailuser01@hongyi.net，然后单击"下一步"按钮，如图 10.4 所示。

图 10.4　输入电子邮件地址

④ 输入 POP3 服务器地址和 SMTP 服务器地址 mail.hongyi.net，如图 10.5 所示。

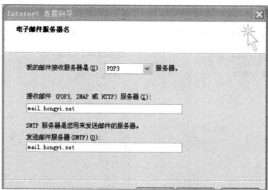

图 10.5　添加 POP3 和 SMTP 服务器

⑤ 添加账户名和密码，如图 10.6 所示。

项目 10 邮件服务器配置与管理

图 10.6 输入账号和密码

⑥ 用同样方式创建另一个测试用户 mailuser02，如图 10.7 所示。

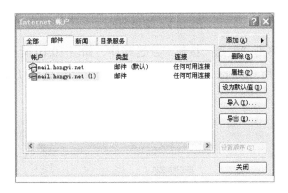

图 10.7 邮件账户列表

⑦ 在 Outlook Express 中单击"创建邮件"按钮（见图 10.8），打开"邮件测试"窗口，如图 10.9 所示。

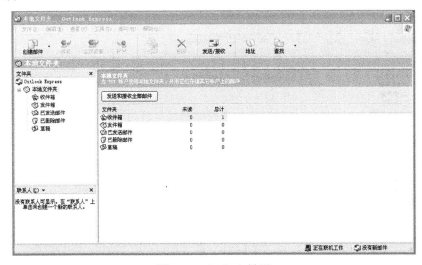

图 10.8 Outlook 界面

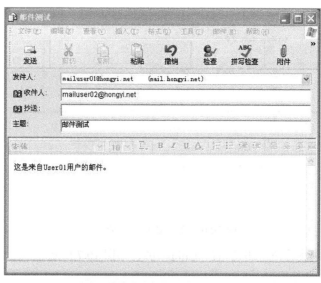

图 10.9 编辑邮件

⑧ 编写完邮件后，单击"发送"按钮，发送邮件，如图 10.10 所示。

由于两个账号同时使用 Outlook，因此，在 Outlook 的收件箱里可以看到刚才发送的邮件，如图 10.11 所示。

图 10.10 邮件发送

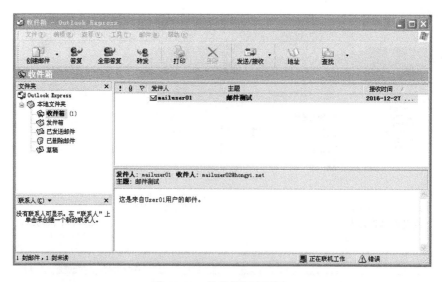

图 10.11 收件箱邮件列表

10.3 技术拓展

虽然前面通过 Outlook 实现了电子邮件的收发，但在电子邮件的应用中，我们已经习惯通过 Web 方式使用和管理电子邮件。Sendmail 和 Dovecot 只提供邮件的收发功能，却不能提供管理邮件的相关界面。OpenWebmail 是 Web 形式的邮件应用系统，能够为用户提供 Web 方式对邮件的发送、收取和管理功能。企业可以通过 Sendmail、Dovecot 和 OpenWebmail 构建出功能完善的邮件应用系统。

1. OpenWebmail 服务的安装

OpenWebmail 是使用 Perl 语言编写的 Webmail 应用系统，因此在安装时需要 perl 语言的相关支持。

```
[root@localhost Server]# rpm -ivh perl-suidperl-5.8.8-32.el5_5.2.x86_64.rpm
[root@localhost]# rpm -ivh perl-Text-Iconv-1.7-2.el5.i386.rpm
[root@localhost opm]# rpm -ivh perl-CGI-SpeedyCGI-2.21-RH9.i386.rpm
[root@localhost opm]# rpm -ivh openwebmail-*.rpm
warning: openwebmail-2.53-3.i386.rpm: Header V3 DSA signature: NOKEY, key ID cfb164d8
Preparing...                ########################################### [100%]
   1:openwebmail-data       ########################################### [ 50%]
   2:openwebmail            ########################################### [100%]
See post install instruction at:
/usr/share/doc/openwebmail-2.53/openwebmail-post.txt
```

既然是 Web 方式提供服务，就需要 Web 服务器支持，因此需要安装 Apache 服务器。Apache 服务器的安装参见项目 8。

2. 配置 Openwebmail

OpenWebmail 的配置文件为 openwebmail.conf，用 vi 编辑器打开进行编辑。

```
[root@localhost]# vi /var/www/cgi-bin/openwebmail/etc/openwebmail.conf
```

主要修改以下内容：

```
enable_pop3 yes
```

修改为：

```
enable_pop3 no
```

以下相关设置用于实现中文化：

```
default_language    en
default_iconset     Cool3D.English
```

修改为：

```
default_language    zh_CN
default_iconset     Cool3D.Chinese.Simplified
```

设置 webdisk 根路径：

```
webdisk_rootpath    /webdisk
```
修改为：
```
webdisk_rootpath    /
```
修改 dbm.conf 文件：
```
vi /var/www/cgi-bin/openwebmail/etc/defaults/dbm.conf
dbm_ext             .db
dbmopen_ext         .db
dbmopen_haslock no
```

3. **启动服务**

① Openwebmail 需要进行初始化：
```
[root@localhost openwebmail]# /var/www/cgi-bin/openwebmail/openwebmail-tool.pl --init
creating db /var/www/cgi-bin/openwebmail/etc/maps/b2g ...done.
creating db /var/www/cgi-bin/openwebmail/etc/maps/g2b ...done.
creating db /var/www/cgi-bin/openwebmail/etc/maps/lunar ...done.
Creating UTF-8 locales...
langconv ar_AE.CP1256 -> ar_AE.UTF-8
```

② 重启 httpd 服务：
```
[root@localhost openwebmail]# service httpd restart
```

至此配置完成 Openwebmail，在浏览器地址栏中输入地址 http://mail.hongyi.net/cgi-bin/openwebmail/openwebmail.pl 就可以通过 Web 页面收发邮件。

小　　结

本项目主要介绍了 Linux 系统下邮件服务器的工作原理、安装、配置与应用，重点讲解了 Sendmail 服务器和 Dovecot 服务器的安装与配置，通过这两个服务器实现企业对邮件服务的基本需求。

练　　习

为某学校搭建邮件服务器，实现基本的邮件服务，邮件服务器域名 mail.yucai.com，IP 地址 192.168.1.20。要求能够实现邮件的收发功能，并在 Outlook 中进行测试。

项目 11　Linux 防火墙配置与管理

在企业初步完成信息化建设之后，各种企业级的网络应用已经逐步展开，企业资源的安全性也就随之成为企业必须考虑的问题。目前，企业已经完成了企业内部 Web 服务器、邮件服务器、FTP 服务器，以及各种办公使用的计算机设备。为保证相关服务器和计算机设备的安全使用，通过 Linux 系统强大的 iptables 防火墙配置相应的安全策略实现此目标。

11.1　技 术 准 备

11.1.1　Linux 防火墙的种类与选择

利用 Linux 构建企业网深受中小企业的青睐，而利用 Linux 构建企业网的防火墙系统也成为众多中小企业的理想选择。防火墙作为一种网络或系统之间强制实行访问控制的机制，是确保网络安全的重要手段。针对不同的需求和应用环境，可以量身定制出不同的防火墙系统。

Linux 从 1.1 内核开始就已经拥有防火墙功能，随着 Linux 内核的不断升级，其内核中的防火墙也经历了 3 个阶段的变化。在 2.0 的内核中，采用 ipfwadm 防火墙；在 2.2 的内核中，采用 ipchains 防火墙；在 2.4 内核以后，都采用一个全新的内核包过滤管理工具——iptables。

与 ipfwadm 和 ipchains 相比，Netfilter/iptables 使用户更易于理解其工作原理，也具有更为强大的功能。对于 Linux 系统管理员、网络管理员及家庭用户来说，Netfilter/iptables 系统十分理想，且更容易被使用。

鉴于目前企业现有网络应用与网络服务情况，为了保证内部网络安全性，选择在 Linux 系统下部署基于 iptables 的网络防火墙，并按照以下原则创建防火墙规则：首先删除所有规则设置，并将默认规则设置为 DROP；然后开启防火墙对于客户的访问限制。打开或者关闭 Web、Msn、QQ 和 Mail 的相应端口，并允许外部客户登录 Web 服务器的 80、22 端口。

11.1.2　iptables 原理

按照防火墙的工作方式可将其分为包过滤型、应用级网关（也叫代理服务器型防火墙）和电路级网关 3 种基本类型。Linux 提供的防火墙软件包内置于 Linux 内核中，是一种基于包过滤型的防火墙实现技术。其核心思想是根据网络层 IP 包头中的源地址、目的地址及包类型等信息来控制包的流向，而更彻底的过滤则是检查包中的源端口、目的端口及连接状态等信息。

Linux 的 netfilter/iptables IP 数据包过滤系统包含 netfilter 和 iptables 两部分。iptables 是

用于管理内核包过滤的工具,可以加入、插入或删除核心包过滤表格中的规则。netfilter 集成在内核中,用于定义、保存相应的规则并负责执行这些规则。

　　netfilter 由表、链和规则组成,是 Linux 核心中的通用架构,在此架构中包含一些表(Tables),每个表包含若干链(Chains),即表是链的容器,同时每条链中可以由一条或数条规则(Rule)组成,链是规则的容器。规则是这个体系中最直接的安全定义,可以实现对数据包进行过滤或处理。由于这些规则处于不同的阶段,全部规则被分配到不同的"链"中,规则链是防火墙规则/策略的集合,netfilter 的总体结构如图 11.1 所示。

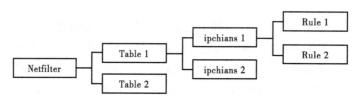

图 11.1　Netfilter 的总体结构

　　netfilter 默认包含 4 个表:raw 表、mangle 表、nat 表、filter 表,具体功能如表 11.1 所示。其中,最常用的是 nat 表和 filter,默认情况下 filter 是当前表。

表 11.1　netfilter 默认表

表　名　称	用　　途
raw	确定是否对该数据包进行状态跟踪
mangle	为数据包设置标记
nat	修改数据包中的源、目标 IP 地址或端口
filter	确定是否放行该数据包(过滤)

　　iptables 中内置链则包含五条链:PREROUTING、INPUT、FORWARD、OUTPUT 和 POSTROUTING。每条链的功能如表 11.2 所示。

表 11.2　iptables 的内置链

链　名　称	用　　途
PREROUTING	数据包进入路由表之前处理数据包
INPUT	通过路由表后目的地为本机,用于处理入站数据
FORWARD	通过路由表后,目的地不为本机,处理转发数据包
OUTPUT	由本机产生,向外转发,处理出站数据包
POSTROUTING	发送到网卡接口之前,进行路由选择后处理数据包

　　iptables 的工作流程较为复杂,针对不同的应用可以实现不同的组合,图 11.2 为常用的工作流程。

　　一般情况下 INPUT、OUTPUT 链主要用于对服务器本身数据进出时进行控制,FORWARD、PREROUTING、POSTROUTING 链主要用于实现数据转发实施控制,在防火墙主机作为网关使用时更为常见。

项目 11　Linux 防火墙配置与管理

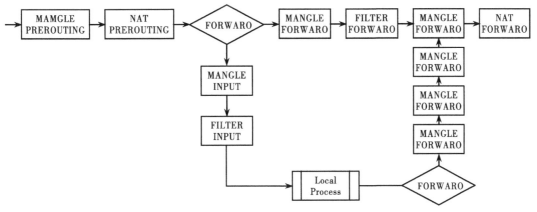

图 11.2　iptables 工作流程图

1. filter 表

filter 表是系统默认的表中最常用的表，用于实现包过滤。该表中包含 INPUT、OUTPUT 和 FORWARD 三条链，每个链都有一个策略，当规则建立并将链放在 filter 表之中，系统就会按照规则对进出的数据进行过滤筛选。

包过滤工作要经过如下步骤：

① 当信息包到达防火墙时，内核先检查信息包的头信息，尤其是信息包的目的地。

② 根据情况将数据包送往包过滤表（filter）的不同的链。

- 如果信息包源自外界并且数据包的目的地址是本机，而且防火墙是打开的，那么内核将它传递到内核空间信息包过滤表的 INPUT 链。
- 如果信息包源自系统本机，并且此信息包要前往另一个系统，那么信息包被传递到 OUTPUT 链。
- 信息包源自广域网前往局域网或相反方向的信息包被传递到 FORWARD 链。

③ 将信息包的头信息与它所传递到的链中的每条规则进行比较，看它是否与某条规则完全匹配。

如果信息包与某条规则匹配，那么内核就对该信息包执行由该项规则的目标指定的操作。

- 如果目标为 ACCEPT，则允许该信息包通过，并将该包发给相应的本地进程处理。
- 如果目标为 DROP 或 REJECT，则不允许该信息包通过，并将该包阻塞并杀死。
- 如果信息包与这条规则不匹配，那么它将与链中的下一条规则进行比较。
- 如果信息包与链中的任何规则都不匹配，那么内核将参考该链的策略来决定如何处理该信息包。理想的策略应该告诉内核 DROP 该信息包。

2. nat 表

nat 表是另一常用的表，其包含 PREROUTING、OUTPUT 和 POSTROUTING 链，用于实现地址转换。在网络内部的主机一般使用的 IP 地址为私有网络地址，仅用于内部使用，这些网络地址不能在互联网上使用，当主机与外部网络进行通信时，必须将内部地址转换成共有地址。

11.1.3 iptables 基本语法

iptables 的命令格式较为复杂，除了大量的管理选项之外还有要管理的表和链及相关动作，因此在使用时要分清命令的对象与选项。

```
iptables [-t 表名] 管理选项 [链名] [条件匹配] [-j 目标动作或跳转]
```

注意：当命令不指定表名时，默认表示 filter 表；当不指定链名时，默认表示该表内所有链。匹配条件必须指定，除非设置了规则链的默认策略。

1. 对链的管理

① -N|--new-chain：建立一个新链。

```
[root@localhost ~]# iptables -N allowed
```

② -X|--delete-chain：删除一个空链。

```
[root@localhost ~]# iptables -X allowed
```

③ -P|--policy：改变一个内建链的规则。

```
[root@localhost ~]# iptables -P INPUT DROP
```

此选项用于预设对不符合过滤条件的数据包的处理方式。

④ -L|--list：列出一个链中的规则。

```
[root@localhost ~]# iptables -L INPUT
```

⑤ -F|--flush：清除一个链中的所有规则。

```
[root@localhost ~]# iptables -F INPUT
```

⑥ -Z|--zero：归零一个链中的所有规则。

```
[root@localhost ~]# iptables -Z INPUT
```

归零规则也被称为数据包计数器归零，数据包计数器是用来计算同一数据包出现次数，常用于过滤阻断式攻击。

⑦ -E|--rename-chain：修改某自定义规则链的名称。

```
[root@localhost ~]# iptables -E allowed disallowed
```

2. 对规则的管理

① -A|--append：将一个新的规则追加到一个链的最后。

```
[root@localhost ~]# iptsbles -A INPUT …
```

② -I|--insert：在链内某个位置插入一个新规则（通常插在最前面）。

```
[root@localhost ~]# iptables -I INPUT 1 --dport 80 -j ACCEPT
```

③ -R|--replace：在链内某个位置替换一条规则。

```
[root@localhost ~]# iptables -R INPUT 1 -s 192.168.0.1 -j DROP
```

④ -D|--delete：在链内某个位置删除一条规则。

```
[root@localhost ~]# iptables -D INPUT --dport 80 -j DROP
```

3. 源地址和目的地址

① --source|--src|-s：用于指定源地址。

```
[root@localhost ~]# iptables -A INPUT -s 192.168.1.1
```

此选项用来指定数据包的来源 IP，地址形式可采用多种形式，完整的域名（www.hongyi.net）、IP 地址（192.168.0.1）、网络地址（192.168.1.0/255.255.255.0 或 192.168.1.0/24）等。

② --destionation|--dst|-d：指定目标地址。

```
[root@localhost ~]# iptables -A INPUT -d 192.168.1.1
```

此选项用来指定用来指定数据包的目的地 IP，地址形式同上。

4. 协议和网络接口

① --prptocol|-p：指定协议。

```
[root@localhost ~]# iptables -A INPUT -p tcp
```

该选项用于指定通信协议类型是否相符，可以使用"!"运算符进行反向指定，例如：-p ! tcp 表示是指除 tcp 以外的其他类型，包含 udp、icmp 等。如果要指定所有类型，则可以使用 all 关键词。

```
[root@localhost ~]# iptables -A INPUT -p all
```

② --in-interface|-i：指定网络接口（INPUT 链只能用此参数）。

如果用来指定数据包是从哪个网卡进入，可以使用通配字符"+"来做大范围指定，如"-i eth+"表示所有的 ethernet 网卡，也可以使用"!"运算符进行反向指定。

③ --out-interface|-o：指定网络接口（OUTPUT 链只能用此参数）。

该选项用来指定数据包要从哪片网卡送出，设定方式同-i。

```
[root@localhost ~]# iptables -A FORWARD -o eth0
```

FORWARD 链既可以使用-i 也可以使用-o 的网络接口，甚至可以指定一个不存在的网络接口，如 ppp0，只有拨号成功后该规则才有效。

```
[root@localhost ~]# iptables -A INPUT -i eth0
```

④ --sport|--source-port：指定端口号。

```
[root@localhost ~]# iptables -A INPUT -p tcp --sport 22
```

该选项用来指定数据包的来源端口号，可以指定单一端口或者一个范围，如"--sport 22:80"表示 22～80 之间的端口。如果要指定不连续的多个端口，则必须使用"--multiport"参数。指定端口号时，可以使用"!"运算符进行反向指定。

⑤ --dport|--destination-port：指定目的端口号。

```
[root@localhost ~]# iptables -A INPUT -p tcp --dport 22
```

该选项用来指定数据包的目的地端口号，设置方式同--sport。

⑥ --tcp-flags：指定状态标志

```
[root@localhost ~]# iptables -p tcp --tcp-flags SYN,FIN,ACK SYN
```

该选项用于指定 TCP 数据包的状态标志号，参数分为两部分：第一部分列举出需指定的标志号；第二部分则列举前述标志号中哪些有被设置，未被列举的标志号必须是空的。TCP 状态标志号包括：SYN（同步）、ACK（应答）、FIN（结束）、RST（重设）、URG（紧急）、PSH（强迫推送）等均可使用于参数中，除此之外，还可以使用关键词 ALL 和 NONE 进行指定。指定标志号时，可以使用"!"运算符进行反向指定。

⑦ -m multiport --source-port：设置多个源端口。

```
[root@localhost ~]# iptables -A INPUT -p tcp -m multiport --source-port
```

```
22,53,80,110
```

该选项用来指定不连续的多个来源端口号，一次最多可以指定 15 个端口，可以使用 "!" 运算符进行反向指定。

⑧ -m multiport --destination-port：设置多个目的端口号。

```
[root@localhost ~]# iptables -A INPUT -p tcp -m multiport --destination-port 22,53,80,110
```

该选项用来指定不连续的多个目的地端口号，设置方式同-m multiport--source-port。

⑨ -m multiport –port：设置源端口号与目的端口号相同的数据包。

```
[root@localhost ~]# iptables -A INPUT -p tcp -m multiport --port 22,53,80,110
```

该选项用来指定来源端口号和目的端口号相同的数据包，设置方式同前两个。在上面的例子中，如果来源端口号为 80 但目的地埠号为 110，则这种数据包并不算符合条件。

⑩ --icmp-type：指定 ICMP 的类型编号。

该选项用来指定 ICMP 的类型编号，可以使用代码或数字编号来进行指定。

```
[root@localhost ~]# iptables -A INPUT -p icmp --icmp-type 8
```

⑪ -m limit --limit：指定数据包的平均流量。

```
[root@localhost ~]# iptables -A INPUT -m limit --limit 3/hour
```

该选项用来指定某段时间内数据包的平均流量，上面的例子是用来指定：每小时平均流量是否超过一次 3 个数据包。除了每小时平均一次外，也可以每秒、每分或每天平均一次，默认值为每小时平均一次，参数为：/second/minute/day。除了进行数据包数量的指定外，设置这个参数也会在条件达成时，暂停数据包的指定动作，以避免受到来自网络上的 DDos 攻击。

⑫ --limit-burst：指定瞬间大量数据包的数量。

```
[root@localhost ~]# iptables -A INPUT -m limit --limit-burst 5
```

上面的例子是用来指定一次同时涌入的数据包是否超过 5 个（这是默认值），超过此上限的数据包将被直接丢弃。也可用于防止来自于网络上的 DDos 攻击。

⑬ -m mac --mac-source：用来指定数据包来源网络接口的硬件地址。

```
[root@localhost ~]# iptables -A INPUT -m mac --mac-source 00:00:00:00:00:01
```

此参数不能用在 OUTPUT 和 Postrouting 规则链上，这是因为数据包要送出到网卡后，才能由网卡驱动程序透过 ARP 通信协议查出目的地的 MAC 地址，所以 iptables 在进行数据包指定时，并不知道数据包会送到哪个网络接口。

⑭ --mark：用来指定数据包是否被表示某个号码。

```
[root@localhost ~]# iptables -t mangle -A INPUT -m mark --mark 1
```

当数据包被指定成功时，可以通过 MARK 处理动作，将该数据包标识一个号码，号码最大不可以超过 4 294 967 296。

⑮ -m owner --uid-owner：指定来自本机的数据包，是否为某特定使用者所产生的。

```
[root@localhost ~]# iptables -A OUTPUT -m owner --uid-owner 500
```

这样可以避免服务器使用 root 或其他身分将敏感数据传送出去，可以降低系统被攻击造成的损失。但这个功能无法指定出来自其他主机的数据包。

⑯ -m owner --gid-owner：用来指定来自本机的数据包。

```
[root@localhost ~]# iptables -A OUTPUT -m owner --gid-owner 0
```

⑰ -m owner --pid-owner：用来指定来自本机的数据包，是否为某特定行程所产生的。

```
[root@localhost ~]# iptables -A OUTPUT -m owner --pid-owner 78
```

⑱ -m owner --sid-owner：用来指定来自本机的数据包是否为某特定联机（Session ID）的响应数据包。

```
[root@localhost ~]# iptables -A OUTPUT -m owner --sid-owner 100
```

⑲ -m state –state：指定连接状态。

```
[root@localhost ~]# iptables -A INPUT -m state --state RELATED,ESTABLISHED
```

连接状态共有 4 种：INVALID、ESTABLISHED、NEW 和 RELATED。

- INVALID：表示该数据包的连接编号（Session ID）无法辨识或编号不正确，既无效数据包。
- ESTABLISHED：表示该数据包属于某个已经建立的连接。
- NEW：表示该数据包想要起始一个连接。
- RELATED：表示与已经发送的数据包有关的数据包。

5. 常用的处理动作

-j：该参数用来指定要进行的处理动作，常用的处理动作包括：ACCEPT、REJECT、DROP、REDIRECT、MASQUERADE、LOG、DNAT、SNAT、MIRROR、QUEUE、RETURN、MARK。

① ACCEPT：放行数据包，在执行完此处理动作后，直接跳往下一个规则链（nat:postrouting），不再转向本规则链内的其他规则。

② REJECT：拦阻数据包，并传送数据包通知对方，可以传送的数据包有几个选择：ICMP port-unreachable、ICMP echo-reply 或者 tcp-reset（这个数据包会要求对方关闭联机），进行完此处理动作后，将不再指定其他规则，直接中断过滤程序。

```
[root@localhost ~]# iptables -A FORWARD -p TCP --dport 22 -j REJECT --reject-
with tcp-reset
```

③ DROP：丢弃数据包不予处理，执行完该处理动作后，直接中断过滤程序。

④ REDIRECT：将数据包重定向到另一个端口（PNAT），执行完该处理动作后，将会继续指定其他规则。使用这个动作可以实现代理服务或者保护 Web 服务器。

```
[root@localhost ~]# iptables -t nat -A PREROUTING -p tcp --dport 80 -j
REDIRECT --to-ports 8080
```

⑤ MASQUERADE：改写数据包来源 IP 为防火墙 NIC IP，可以指定 port 对应的范围，执行完该处理动作后，直接跳转下一个规则链（mangle:postrouting）。这个功能与 SNAT 略有不同，当进行 IP 伪装时，不需指定要伪装成哪个 IP，IP 会从网卡直接读取，当使用拨接连线时，IP 通常是由 ISP 公司的 DHCP 服务器指派的，这时 MASQUERADE 特别有用。

```
[root@localhost ~]# iptables -t nat -A POSTROUTING -p TCP -j MASQUERADE
--to-ports 1024-31000
```

⑥ LOG：将数据包相关信息记录在"/var/log"中，详细位置请查阅"/etc/syslog.conf"组态档，进行完此处理动作后，将会继续指定其他规则。

```
[root@localhost ~]# iptables -A INPUT -p tcp -j LOG --log-prefix "INPUT packets"
```

⑦ SNAT：改写数据包来源 IP 为某特定 IP 或 IP 范围，可以指定 port 对应的范围，进行完此处理动作后，将直接跳往下一个规则链（mangle:postrouting）。

```
[root@localhost ~]# iptables -t nat -A POSTROUTING -p tcp -o eth0 -j SNAT --to-source 194.236.50.155-194.236.50.160:1024-32000
```

⑧ DNAT：改写数据包目的地 IP 为某特定 IP 或 IP 范围，可以指定 port 对应的范围，进行完此处理动作后，将会直接跳往下一个规则链（filter:input 或 filter:forward）。

```
[root@localhost ~]# iptables -t nat -A PREROUTING -p tcp -d 15.45.23.67 --dport 80 -j DNAT --to-destination 192.168.1.1-192.168.1.10:80-100
```

⑨ MIRROR：映射数据包，也就是将来源 IP 与目的地 IP 对调后，将数据包送回，进行完此处理动作后，将会中断过滤程序。

⑩ QUEUE：中断过滤程序，将数据包放入队列，交给其他程序处理。通过自行开发的处理程序，可以进行其他应用，如计算联机费用等。

⑪ RETURN：结束在目前规则链中的过滤程序，返回主规则链继续过滤，如果把自定规则链看成是一个子程序，那么这个动作，就相当于提早结束子程序并返回到主程序中。

⑫ MARK：将数据包标上某个代号，以便提供作为后续过滤的条件判断依据，进行完此处理动作后，将会继续指定其他规则。

6. 保存和恢复规则

① iptables-save [-c] [-t 表名]：保存规则。
- -c：保存包和字节计数器的值，可以在重启防火墙后不丢失对包和字节的统计。
- -t：用来保存哪张表的规则，如果不跟 -t 参数则保存所有的表。

② iptables-restore [-c] [-n]：恢复规则。
- -c：如果加上 -c 参数则表示要求装入包和字节计数器。
- -n：表示不覆盖已有的表或表内的规则，默认情况下是清除所有已存在的规则。

11.2　项　目　实　施

目前，企业已经在内部部署了 Web 服务器（IP 地址 192.168.1.210）、邮件服务器（IP 地址 192.168.1.200），以及 FTP 服务器（IP 地址 192.168.1.250），办公使用的计算机 IP 地址范围为 192.168.1.1～192.168.1.19，要求所有内网计算机需要经常访问 Internet，并且所有的办公用计算机不能使用即时通信工具。其中，Mail 和 FTP 服务器对内部员工开放，仅需要发布 Web 站点，并且管理员会通过外网进行远程管理，拓扑结构如图 11.3 所示。为了保证整个网络的安全性，现在需要添加 iptables 防火墙，配置相应的策略。

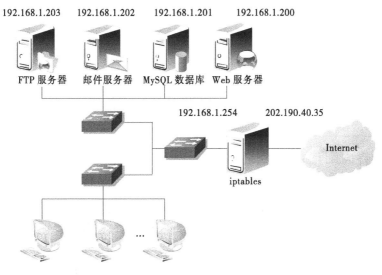

图 11.3 拓扑结构图

项目环境参照图 11.3 中的拓扑结构，各主机的参数如表 11.3 所示。

表 11.3 IP 地址规划

名称	IP 地址
Web 服务器	192.168.1.200
MySQL 服务器	192.168.1.201
邮件服务器	192.168.1.202
FTP 服务器	192.168.1.203
iptables 的 eth0	202.190.40.35
iptables 的 eth1	192.168.1.254
其他办公用机	192.168.1.0/24

需要开放的端口信息如表 11.4 所示。

表 11.4 需要开放的端口信息

服务名称	协议名称	端口号
Web 服务器	TCP	80
	UDP	
SSH 服务	TCP	22
邮件服务器	TCP	110、143、993 及 995
	UDP	
FTP 服务器	TCP	20、21
	UDP	

续表

服 务 名 称	协 议 名 称	端　口　号
DNS 服务	TCP	53
	UDP	
即时通信软件	TCP	80、8000、443、1863
	UDP	8000、4000

11.2.1　图形界面配置 ipatbles

　　RHEL 提供的防火墙图形设置工具功能简单，只能进行简单的信任服务设置和端口设置，这里只能通过图形界面完成部分功能，目的在于理解防火墙设置的基本原理。完整的设置依然需要通过相关命令或修改配置文件的方式完成。

图形界面配置 ipatbles 视频

　　选择"系统"→"管理"→"安全级别和防火墙"打开安全级别设置窗口，在"防火墙选项"选项卡中启用防火墙并在"信任的服务"中选中需要添加信任的服务，如图 11.4 所示。

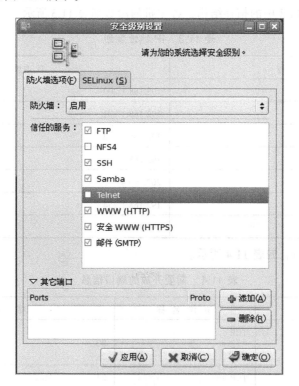

图 11.4　设置信任的服务

　　在该窗口的下面单击"添加"按钮添加信任端口，如图 11.5 所示。在该对话框中添加端口号并选择相应协议（见表 11.4）。添加完成后可以在安全级别窗口中看到相应的协议和端口号，如图 11.6 所示。

项目 11　Linux 防火墙配置与管理

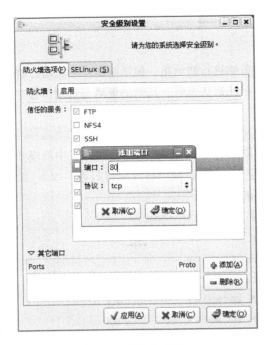

图 11.5　添加信任端口

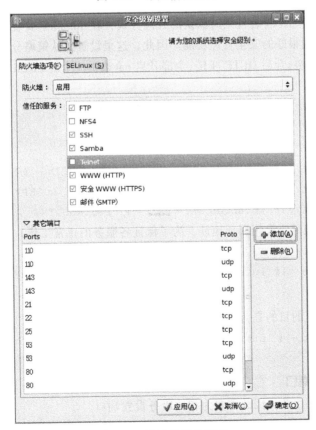

图 11.6　设置信任的服务

11.2.2 命令方式配置 ipatbles

1. 配置默认策略

首先需要对 iptables 的策略进行初始化，包括两步：一是将原有的策略都删除；二是再设置属于自己的默认策略。其他的策略与规则都建立在这个基础之上。

命令方式配置 ipatbles 视频

（1）删除策略

删除原有策略主要针对默认的 filter 表和 nat 表，删除表中的规则链需要首先删除链中的所有规则（-F），然后删除空链（-X），最后将规则链归零（-Z）。操作如下：

① 删除默认的 filter 中的策略。

```
[root@localhost ~]# iptables -F
[root@localhost ~]# iptables -X
[root@localhost ~]# iptables -Z
```

② 删除 nat 表中的策略。

```
[root@localhost ~]# iptables -F -t nat
[root@localhost ~]# iptables -X -t nat
[root@localhost ~]# iptables -Z -t nat
```

（2）设置默认策略

默认策略的目的是当不符合规则时默认的处理方式，在 iptables 安装后，默认全部链都是开启的，并不会起到很好的安全管理功能。因此，这里设置默认策略分别关闭 filter 表的 INPPUT 及 FORWARD 链，开启 OUTPUT 链，全部开启 nat 表的 3 个链 PREROUTING、OUTPUT、POSTROUTING。

```
[root@localhost ~]# iptables -P INPUT    DROP
[root@localhost ~]# iptables -P FORWORD  DROP
[root@localhost ~]# iptables -P OUTPUT   ACCEPT
[root@localhost ~]# iptables -t nat -P PREROUTING  ACCEPT
[root@localhost ~]# iptables -t nat -P OUTPUT      ACCEPT
[root@localhost ~]# iptables -t nat -P POSTROUTING ACCEPT
```

鉴于有些服务的测试需要用回环地址，为了保证各服务的正常工作，需要允许回环地址的通信，命令如下所示：

```
[root@localhost ~]# iptables -A INPUT -i lo -j ACCEPT
```

2. 连接状态设置

添加连接状态设置的目的是为了简化防火墙配置操作，并提高检查的效率，如下所示：

```
[root@localhost ~]# iptables -A INPUT -m state --state ESTABLISHED,RELATED -j ACCEPT
```

3. 设置相关服务端口

内网提供多种网络服务，因此需要为相关服务设置端口。

① Web 服务：该服务端口为 80，采用 TCP 或 UDP 协议，允许目标为内部网络 Web 服务器的数据包通过该端口。操作如下：

```
[root@localhost ~]# Iptables -A FORWARD -p tcp --dport 80 -j ACCEPT
```
② DNS 服务：为了内网计算机能够正常使用域名访问 Internet，还需要允许内网计算机与外部 DNS 服务器的数据转发。开启 DNS 使用 UDP、TCP 的 53 端口，如下所示：
```
[root@localhost ~]# iptables -A FORWARD -p tcp --dport 53 -j ACCEPT
[root@localhost ~]# iptables -A FORWARD -p udp --dport 53 -j ACCEPT
```
③ SSH 服务：SSH 使用 TCP 协议端口 22，是管理员在外网进行远程管理的主要工具。
```
[root@localhost ~]# iptables -A INPUT -p tcp --dport 22 -j ACCEPT
```
④ 邮件服务：客户端发送邮件时访问邮件服务器的 TCP25 端口。接收邮件时访问，可能使用的端口则较多，UDP 协议以及 TCP 协议的端口：110、143、993 及 995。

smtp:
```
[root@localhost ~]# iptables -A FORWARD -p tcp --dport 25 -j ACCEPT
```
pop3:
```
[root@localhost ~]# iptables -A FORWARD -p tcp --dport 110 -j ACCEPT
[root@localhost ~]# iptables -A FORWARD -p udp --dport 110 -j ACCEPT
```
imap:
```
[root@localhost ~]# iptables -A FORWARD -p tcp --dport 143 -j ACCEPT
[root@localhost ~]# iptables -A FORWARD -p udp --dport 143 -j ACCEPT
```
imaps:
```
[root@localhost ~]# iptables -A FORWARD -p tcp --dport 993 -j ACCEPT
[root@localhost ~]# iptables -A FORWARD -p udp --dport 993 -j ACCEPT
```
pop3s:
```
[root@localhost ~]# iptables -A FORWARD -p tcp --dport 995 -j ACCEPT
[root@localhost ~]# iptables -A FORWARD -p udp --dport 995 -j ACCEPT
```
⑤ FTP 服务：FTP 服务需要两个端口 20（数据）和 21（控制）。

要使因特网上的计算机访问到内部网的 FTP 服务器、Web 服务器，在作为防火墙的计算机上应进行如下设置：
```
[root@localhost ~]# Iptables -A INPUT -p tcp --dport 21 -m state --state NEW -j ACCEPT
[root@localhost ~]# Iptables -A INPUT -p tcp --dport 22 -m state --state NEW -j ACCEPT
```

4. 打开 MSN 和 QQ 的端口

即时通信软件使用量较大，需要对其端口进行开放，QQ 能够使用 TCP80、8000、443 及 UDP8000、4000 登录，而 MSN 通过 TCP1863、443 验证。因此，只需要允许这些端口的 FORWARD 转发即可以正常登录。
```
[root@localhost ~]# iptables -A FORWARD -p tcp --dport 1863 -j ACCEPT
[root@localhost ~]# iptables -A FORWARD -p tcp --dport 443 -j ACCEPT
[root@localhost ~]# iptables -A FORWARD -p tcp --dport 8000 -j ACCEPT
```

```
[root@localhost ~]# iptables -A FORWARD -p udp --dport 8000 -j ACCEPT
[root@localhost ~]# iptables -A FORWARD -p udp --dport 4000 -j ACCEPT
```

5. NAT 设置

局域网的地址为私网地址，无法在互联网上使用，因此必须将私网地址转为服务器的外部地址，连接外部接口为 eth0。具体配置如下：

```
[root@localhost ~]# iptables -t nat -A POSTROUTING -o eth0 -s 192.168.1.0/24 -j MASQUERADE
```

Web 服务器是外网常常访问的服务器，因此需要把内网 Web 服务器 IP 地址（192.168.1.200）映射到外网地址。

```
[root@localhost ~]# iptables -t nat -A PREROUTING -i eth0 -p tcp --dport 80 -j DNAT --to-destination 192.168.1.200:80
```

6. 保存 iptables 配置

使用重定向命令来保存这些规则集

```
[root@localhost ~]# iptables-save > /etc/iptables-save
```

11.3 技 术 拓 展

11.3.1 ipatbles 实现 NAT 转换

iptables 常常利用 nat 表进行内外网地址的转换，从而完成内外网的正常通信。nat 表具有 3 种操作：SNAT、DNAT 和 MASQUERADE。

1. SNAT

SNAT 策略原理是进行源地址转换，iptables 将利用外部地址替换本地网络地址，使得内网主机能够与外网进行通信，典型的应用环境是局域网主机共享单个公网 IP 介入 Internet。SNAT 只能在 nat 表的 POSTROUTING 链，并且只要连接的第一个符合条件的包被 SNAT 进行地址转换，那么这个连接的其他所有包都会自动地完成地址转换，这个规则同时还会应用于这个连接到的其他数据包。使用格式如下：

```
iptables -t -A POSTROUTING -o 网络接口 -j SNAT --to-source IP 地址
```

示例 1：某公司内部主机使用 192.168.1.1/24 网段，使用 Linux 主机作为服务器连接 Internet，外网固定地址 10.10.100.10，修改相关设置保证内网用户能够正常访问 Internet，如图 11.7 所示。

实现步骤：

① 开启网关主机的路由转发功能：

```
[root@localhost ~]# echo 1>/proc/sys/net/ipv4/ip_forward
```

② 添加并保存 SNAT 策略：

```
[root@localhost ~]# iptables -t nat -A POSTROUTING -o eth0 -j SNAT --to-source 10.10.100.10
[root@localhost ~]# service iptables save
```

项目 11　Linux 防火墙配置与管理

图 11.7　某公司网络拓扑结构

2. DNAT

DNAT 策略用于目标地址转换，iptables 将数据包中的目标地址进行替换，重新转发到网络内部的主机中。典型的应用环境是在 Internet 中发布位于企业局域网内部的服务器。DNAT 需要在 nat 表的 PREROUTING 链中设置，格式如下：

```
iptables -t -A PREROUTING -i 网络接口 -p 协议 -dport 端口 -j SNAT --to-destination IP 地址
```

示例 2：Web 服务器的 IP 地址为 192.168.1.4，防火墙的外网 IP 地址为 202.190.40.35，现在设置 iptables 保证外网用户能够访问内网 Web 服务器，拓扑结构如图 11.8 所示。

① 开启网关主机的路由转发功能：

```
[root@localhost ~]# echo 1>/proc/sys/net/ipv4/ip_forward
```

② 添加并保存 DNAT 策略：

```
[root@localhost ~]# iptables -t nat -A POSTROUTING -o eth0 -j SNAT --to-source 10.10.100.10
[root@localhost ~]# iptables -t nat -A PREROUTING -i -d 202.190.40.35 -p tcp --dport 80 -j DNAT --to-destination 192.168.1.4
[root@localhost ~]# service iptables save
```

图 11.8　网络拓扑结构

3. MASQUERADE

MASQUERADE 被称为地址伪装，是 SNAT 的一种特殊情况，与 SNAT 近似，区别在于使用 SNAT 的时候，出口 IP 地址范围可以是一个或多个。常用于从服务器的网卡上自动获取当前 IP 地址来做 NAT。下面示例表示不指定 SNAT 的目标 IP 地址，系统自动读取 eth0 此时的 IP 地址做 SNAT 转换。

```
[root@localhost ~]# iptables-t nat -A POSTROUTING -s
10.8.0.0/255.255.255.0 -o eth0 -j MASQUERADE
```

11.3.2 防御 SYN 攻击

在网络上的各种攻击方式中，SYN、DDoS 攻击非常常见，这类攻击对服务器的影响非常大，甚至可能导致服务器的瘫痪，比较好的方式是采用硬件防火墙，但硬件防火墙价格昂贵，通过 iptables 的过滤功能也可以实现对此类攻击的防御。

SYN 攻击是利用 TCP/IP 协议 3 次握手的原理，发送大量的建立连接的网络包，但不实际建立连接，最终导致被攻击服务器的网络队列被占满，无法被正常用户访问。

Linux 内核提供了若干 SYN 相关的配置，tcp_max_syn_backlog 是 SYN 队列的长度，tcp_syncookies 是一个开关，是否打开 SYN Cookie 功能，该功能可以防止部分 SYN 攻击。tcp_synack_retries 和 tcp_syn_retries 定义 SYN 的重试次数。

防止 SYN 的方法可以通过加大 SYN 队列长度用以容纳更多等待连接的网络连接数，或者打开 SYN Cookie 功能可以阻止部分 SYN 攻击，另外降低重试次数也有一定效果。

具体设置可以按照以下方式设置：

① 增加 SYN 队列长度到 2048：

```
[root@localhost ~]# sysctl -w net.ipv4.tcp_max_syn_backlog=2048
```

② 打开 SYN COOKIE 功能：

```
[root@localhost ~]# sysctl -w net.ipv4.tcp_syncookies=1
```

③ 降低重试次数：

```
[root@localhost ~]# sysctl -w net.ipv4.tcp_synack_retries=3
[root@localhost ~]# sysctl -w net.ipv4.tcp_syn_retries=3
```

为了系统重启动时保持上述配置，可将上述命令加入到"/etc/rc.d/rc.local"文件中。

除了上述对内核的设置之外，还可以有针对性地对一些 SYN 攻击进行防御。

① 防止同步包洪水（Sync Flood）：

```
[root@localhost ~]# iptables -A FORWARD -p tcp --syn -m limit --limit 1/s -j ACCEPT
```

其中，--limit 1/s：表示限制 syn 并发数每秒 1 次。

② 防止各种端口扫描：

```
[root@localhost ~]# iptables -A FORWARD -p tcp --tcp-flags SYN,ACK,FIN,RST RST -m limit --limit 1/s -j ACCEPT
```

③ 防止 Ping 洪水攻击（Ping of Death）：

```
[root@localhost ~]# iptables -A FORWARD -p icmp --icmp-type echo-request -m limit --limit 1/s -j ACCEPT
```

11.3.3 防御 DDoS 攻击

分布式拒绝访问攻击（DDoS），是攻击者来自不同来源的许多主机，向常见的端口（如 80、25 等）发送大量连接，但这些客户端只建立连接，不是正常访问。由于一般 Apache 配置的接受连接数有限（通常为 256），因此这些访问会使 Apache 无法正常访问。

可以先关闭 ICMP 服务，防止服务器的 IP 地址被 ping 到，从而一部分攻击，具体操作如下：

```
[root@localhost ~]# iptables -A OUTPUT -p icmp -d 0/0 -j DROP
```

为了防止 DOS 太多连接进来，可以允许外网网卡每个 IP 最多 15 个初始连接，超过的丢弃。操作如下：

```
[root@localhost ~]# iptables -A INPUT -i eth0 -p tcp -syn -m connlimit --connlimit-above 15 -j DROP
[root@localhost ~]# iptables -A INPUT -p tcp -m state -state ESTABLISHED,RELATED -j ACCEPT
```

DDoS 攻击经常攻击的 Web 服务器，可以通过限制与 80 端口连接的 IP 最大连接数。

```
[root@localhost ~]# iptables -I INPUT -p tcp --dport 80 -m connlimit --connlimit-above 10 -j DROP
```

使用 recent 模块限制同 IP 时间内新请求连接数，同时设置 60s 10 个新连接，超过记录日志。

```
[root@localhost ~]# iptables -A INPUT -p tcp --dport 80 --syn -m recent --name webpool --rcheck --seconds 60 --hitcount 10 -j LOG --log-prefix 'DDOS:' --log-ip-options
```

60s 10 个新连接，超过丢弃数据包。

```
[root@localhost ~]# iptables -A INPUT -p tcp --dport 80 --syn -m recent --name webpool --rcheck --seconds 60 --hitcount 10 -j DROP
```

设置允许通过的范围。

```
[root@localhost ~]# iptables -A INPUT -p tcp --dport 80 --syn -m recent --name webpool --set -j ACCEPT
```

小　　结

本项目主要介绍了防火墙的基本概念，防火墙用于隔离内外网，监控网络访问，防止内部信息的外泄以及强化网络安全策略；介绍了 iptables，其包含 netfilter 和 iptables 两个组件；介绍了 iptables 表的基本语法。同时，详细介绍了 iptables 的主要参数和用法，最后通过案列综合讲解实际应用。

练　　习

设计并实施 iptables 基本安全策略，要求实现以下内容：

1. 初始化默认策略。

2. 开放相关服务端口，Web 服务：80 端口；DNS 服务：53 端口；邮件服务：25、110、143、993 及 995 端口；FTP 服务：20、21 端口。

3. 设置 NAT 转换功能。

综合实训

→ Linux 系统配置与管理

12.1 实训分析

企业需要一个性能稳定，管理良好的服务器系统，能够管理系统用户，以及系统存储资源的管理。为创建企业网络服务器进行定制安装 Linux 系统，并定制构建合理的文件系统结构，便于后期应用。定制系统的好处在于可以获得更好的系统稳定性和安全性，在此基础上为企业搭建常用的应用服务实现企业各种网络应用。具体要求如下：

① 创建管理账号群和一般用户群，并设置其良好的安全机制。

② 为了便于管理用户，并考虑到后期用户数量的不断增加，home 目录挂载独立分区，并实现磁盘配额，限定用户空间的使用。同时，出于安全角度考虑，实现对用户目录实现定期备份。

③ 搭建 DNS 服务器，为实现其他应用服务器进行域名管理。

④ 搭建 Web 服务器实现企业各种 Web 应用。

⑤ 搭建 Samba 服务器实现文件共享。

⑥ 搭建邮件服务器实现企业内部邮件应用与管理。

12.2 实训设计

1. 安装系统时进行定制安装，设置单独的 home 分区

系统内存 512 GB，硬盘为 8 GB，单独分给 home 分区 2 GB 用于存储用户文件（此配置便于在虚拟机中进行实训，因此实际应用中服务器的配置远高于这里给出的参数）。

统一将分区分成 4 个区，具体安排如表 12.1 所示。

表 12.1 分区设置表

分 区 名 称	分 区 类 型	分 区 大 小
交换分区	Swap	1G
/boot	ext3	100 MB
/home	ext3	2 GB
/	ext3	剩余全部空间

由于系统作为服务器，出于稳定性考虑，安装系统时不安装图形界面，只安装最基本的系统，建议安装以下程序包：管理工具（Administration Tools）、开发库（Development Libraries）、

开发工具（Development Tools）、系统工具（System Tools）、编辑器（Editors）、服务配置工具（Server Configuration Tools）。

2. 创建管理账号群和一般用户群，并设置其良好的安全机制

这个系统的用户主要分以下 3 类：root、管理员用户和一般用户。root 用户拥有系统最高权限，出于安全角度的考虑，不建议经常以 root 身份登录系统，因此创建若干管理员账号，并根据不同应用的要求设置其各自执行系统管理命令的权限，一般用户为企业内部员工设计，主要用于使用系统提供的资源，严格限制其对系统的越权操作。用户列表如表 12.2 所示。

表 12.2 用户列表

编号	用户名	用户ID	组ID	登录shell	主目录	密码	备注
1	admin01	550	550	/bin/bash	/home/admin01	D5df85	管理员
2	admin02	551	551	/bin/bash	/home/admin02	d54feG	管理员
3	admin03	552	552	/bin/bash	/home/admin03	D4d25y	管理员
4	admin04	553	553	/bin/bash	/home/admin04	sdD3g8	管理员
5	apx01	554	554	/bin/bash	/home/apx01	2D4f6g	普通用户
6	apx02	555	555	/bin/bash	/home/apx02	ys47Dd	普通用户
7	apx03	556	556	/bin/bash	/home/apx03	4Fc4q5	普通用户
8	apx04	557	557	/bin/bash	/home/apx04	D4o3k	普通用户
9	apx05	558	558	/bin/bash	/home/apx05	c3dx5	普通用户
10	apx06	559	559	/bin/bash	/home/apx06	D6nE3	普通用户
11	apx07	560	560	/bin/bash	/home/apx07	5Fx4h	普通用户
12	apx08	561	561	/bin/bash	/home/apx08	3Hx6h	普通用户
13	apx09	562	562	/bin/bash	/home/apx09	d5tg6g	普通用户
14	apx10	563	563	/bin/bash	/home/apx10	D7vfs2	普通用户

用户数量较大，使用 adduser 命令创建效率低，因此考虑使用批量创建用户的方法。

3. 设计对用户实现磁盘配额的限定

由于系统存储资源有限，同时也为进一步提高资源的利用率，对管理员用户和一般用户使用磁盘空间进行适当限制。

4. 网络与应用服务器规划

为了简单处理问题且容易在虚拟机中实施部署，相关服务器安装和部署在同一个虚拟机中，IP 地址相同，如表 12.3 所示。Web 服务为各部门网站提供服务，文件资源共享根据用户类型提供不同服务。

表 12.3 服务器安装和部署

编号	IP地址	域名	存放路径	说明
1	192.168.56.10	www.apx.com	/var/www/html/apx	企业网站
2	192.168.56.10	it.apx.com	/var/www/html/it	运维部网站
3	192.168.56.10	mail.apx.com	—	邮件服务
4	192.168.56.10	design.apx.com	/var/www/html/design	设计部网站

续表

编号	IP 地址	域名	存放路径	说明
5	192.168.56.10	tech.apx.com	/var/www/html/tech	技术部网站
6	192.168.56.10	erp.apx.com	/var/www/html/erp	企业 erp 系统
7	192.168.56.10	—	/var/share/pub	共享资源
8	192.168.56.10	—	/var/share/classify	机密文件存储

12.3 实 训 实 施

1. 安装系统时进行定制安装，设置单独的 home 分区

整个安装过程与项目 1 中的安装过程类似，以下只将其中定制分区的过程进行单独说明。

① 在建立分区时不要选择创建默认分区结构，而是建立自定义的分区结构，如图 12.1 所示。

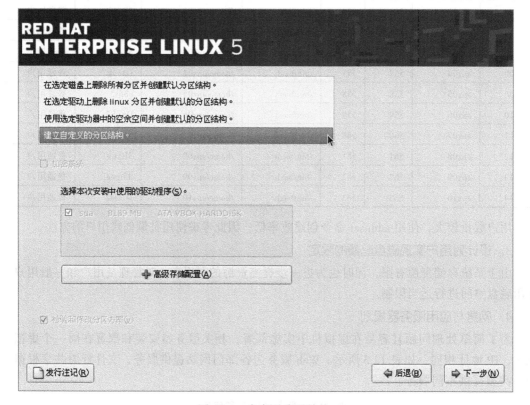

图 12.1　自定义分区结构

② 进入自定义分区界面后单击"新建"按钮创建分区，首先创建交换分区，分区大小为 1 GB，如图 12.2 所示。

③ 设置 boot 分区为 100 MB，home 分区 2 GB，剩余全部分给"/"分区，如图 12.3～图 12.5 所示。

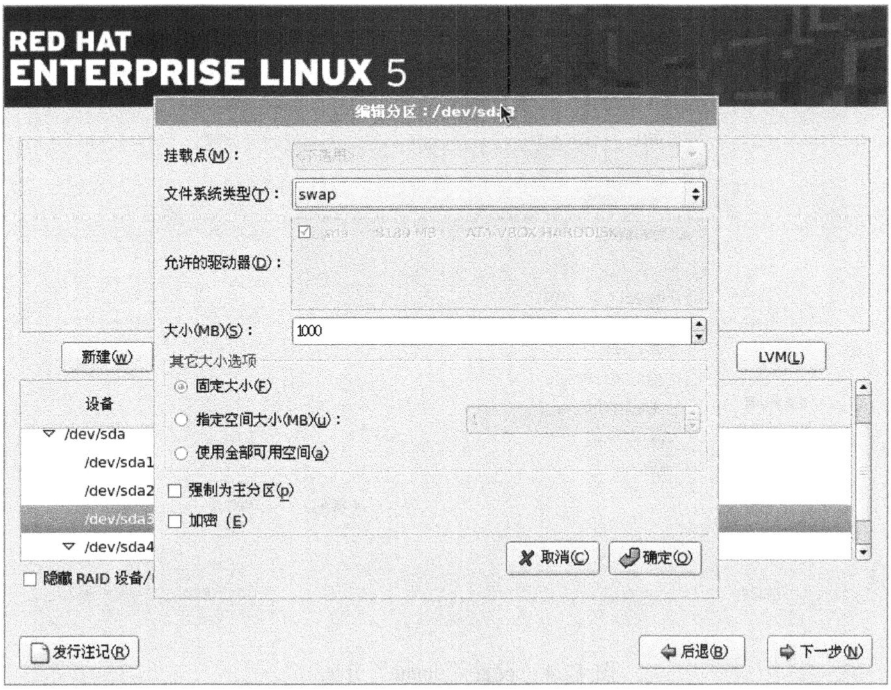

图 12.2　创建交换分区

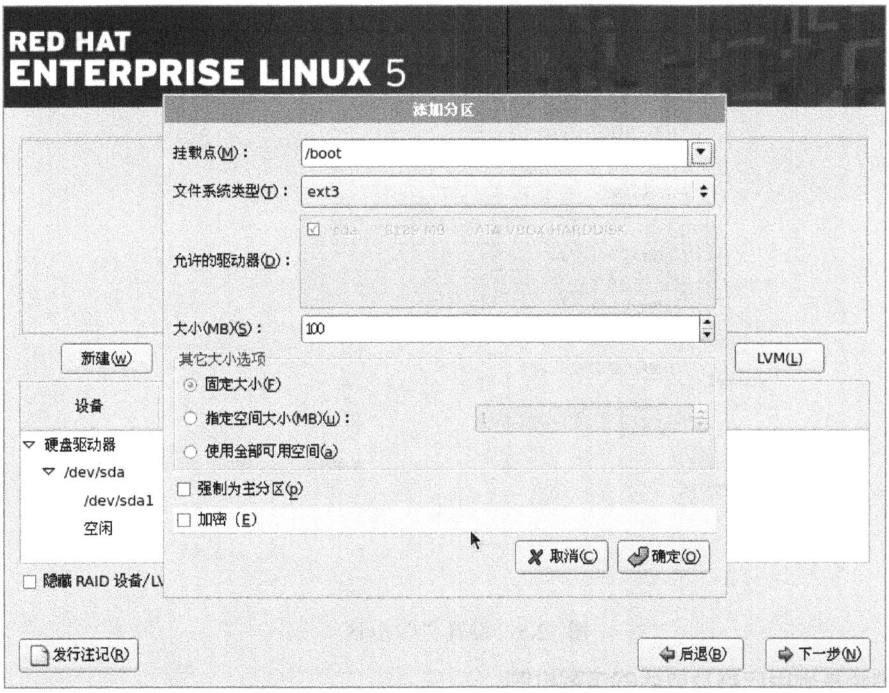

图 12.3　设置“/boot”分区

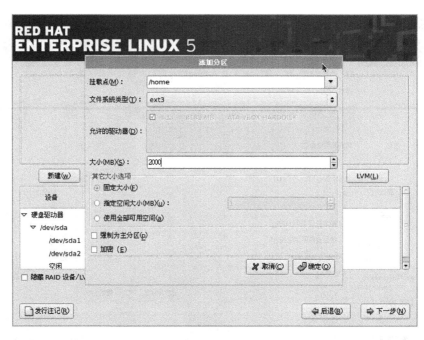

图 12.4 设置"/home"分区

图 12.5 设置"/"分区

2. 创建基础用户群及灵活的访客机制

① 根据用户列表信息,制作用户文件,文件内容与格式如下。其中不含有空格,文件名保存为 userlist,可以使用 vi 编辑器或者其他编辑器完成编辑工作。

```
[root@localhost ~]# vi userlist
```

```
admin01:x:550:550::/home/admin01:/bin/bash
admin02:x:551:551::/home/admin02:/bin/bash
admin03:x:552:552::/home/admin03:/bin/bash
admin04:x:553:553::/home/admin04:/bin/bash
apx01:x:554:554::/home/apx01:/bin/bash
apx02:x:555:555::/home/apx02:/bin/bash
apx03:x:556:556::/home/apx03:/bin/bash
apx04:x:557:557::/home/apx04:/bin/bash
apx05:x:558:558::/home/apx05:/bin/bash
apx06:x:559:559::/home/apx06:/bin/bash
apx07:x:560:560::/home/apx07:/bin/bash
apx08:x:561:561::/home/apx08:/bin/bash
apx09:x:562:562::/home/apx09:/bin/bash
apx10:x:563:563::/home/apx10:/bin/bash
```

② 使用 newusers 工具导入用户信息，命令如下：

```
[root@localhost ~]# newusers userlist
```

创建用户密码文件，参照上面的介绍编辑如下内容，文件名为 userpwds。

```
[root@localhost ~]# vi userpwds
admin01:D5df85
admin02:d54feG
admin03:D4d25y
admin04:sdD3g8
apx01:2D4f6g
apx02:ys47Dd
apx03:4Fc4q5
apx04:D4o3k
apx05:c3dx5
apx06:D6nE3
apx07:5Fx4h
apx08:3Hx6h
apx09:d5tg6g
apx10:D7vfs2
```

③ 使用 chpasswd 命令为刚创建的用户添加密码，并用 pwconv 将密码以加密方式转换到 "/etc/shadow" 文件中。命令如下：

```
[root@localhost ~]# chpasswd < userpwds
[root@localhost ~]# pwconv
```

3. 设计对用户实现磁盘配额的限定

① 为 "/home" 分区配置磁盘限额，以 apx 开头的普通用户分配 10 000 KB 磁盘的软限

制，20 000 KB 的硬限制，文件数量软限制为 20，硬限制为 40，以 admin 开头的管理用户分配 50 000 KB 磁盘的软限制，80 000 KB 的硬限制，文件数量软限制为 500，硬限制为 800。

② 编辑/etc/fstab 文件，为"/home"分区添加用户和组的磁盘限额。

```
[root@localhost ~]# /etc/fstab
/dev/sda2        /home        ext3    defaults,usrquota,grpquota 0 0
```

③ 创建 aquota.user 和 aquota.group 文件。

```
[root@localhost ~]# quotacheck -vug /usrquota/
quotacheck: Scanning /dev/sda2 [/usrquota] done
quotacheck: Checked 4 directories and 20 files
```

④ 为 apx01 用户设置磁盘限额功能。

```
[root@localhost ~]# edquota -u apx01
Disk quotas for user apx01 (uid 507):
  Filesystem    blocks    soft    hard    inodes    soft    hard
  /dev/sda2        0      10000   20000      0       20      40
```

⑤ 为 admin01 用户设置磁盘限额功能。

```
[root@localhost ~]# edquota -u apx01
Disk quotas for user apx01 (uid 501):
  Filesystem    blocks    soft      hard     inodes   soft    hard
  /dev/sda2        0      50000    80000       0      500     800
```

⑥ 其他用户修改略，接下来启用 quota 功能。

```
[root@localhost ~]# quotaon /usrquota
```

4. 搭建 DNS 服务器

基本网络参数配置：

① 修改"/etc/sysconfig/network"文件，配置网关。

```
[root@localhost ~]# vi /etc/sysconfig/network
NETWORKING=yes
HOSTNAME=apx
GATEWAY=192.168.56.1
```

② 修改"/etc/sysconfig/network-scripts/ifcfg-eth0"文件，配置 IP 地址信息。

```
root@localhost ~]# vi /etc/sysconfig/network-scripts/ifcfg-eth0
DEVICE=eth0
BOOTPROTO=static
IPADDR=192.168.56.10
NETMASK=255.255.255.0
NETWORK=192.168.56.0
BROADCAST=192.168.56.255
GATEWAY=192.168.56.1
ONBOOT=yes
MTU=1500
```

③ 修改/etc/resolv.conf 文件，配置 DNS 服务器地址。

```
nameserver 192.168.56.10
```

④ 修改/etc/named.conf 文件部分设置，将 127.0.0.1 改为 any。

```
[root@localhost ~]# vi /etc/named.conf
options {
        listen-on port 53 { any; };
 controls {
      inet 127.0.0.1 port 953
            allow { any; } keys { "rndckey"; };
 };
```

⑤ 修改/etc/named.rfc1912.zones 文件添加解析区域。

```
[root@localhost ~]# cat /etc/named.rfc1912.zones
zone "56.168.192.in-addr.arpa" IN {
     type master;
     file "192.168.1.zone";
};
zone "apx.com" IN {
     type master;
     file "apx.zone";
};
```

⑥ 创建正向解析文件"/var/named/apx.zone"并添加相关信息。

```
[root@localhost named]# cp localhost.zone apx.zone
[root@localhost named]# vi apx.zone

$TTL    86400
@           IN SOA  dns.apx.com.        root.localhost (
                    42          ; serial (d. adams)
                    3H          ; refresh
                    15M         ; retry
                    1W          ; expiry
                    1D )        ; minimum

@           IN NS       dns.apx.com.
@           IN MX   1   mail.apx.com.
dns         IN A        192.168.56.10
mail        IN A        192.168.56.10
www         IN A        192.168.56.10
it          IN A        192.168.56.10
design      IN A        192.168.56.10
```

```
tech        IN A         192.168.56.10
erp         IN A         192.168.56.10
```

⑦ 创建反向解析文件/var/named/192.168.56.zone 并添加相关信息。

```
[root@localhost named]# cp named.local 192.168.56.zone
[root@localhost named]# vi 192.168.56.zone


$TTL    86400
@       IN      SOA     dns.apx.com.  root.localhost. (
                                1997022700 ; Serial
                                28800      ; Refresh
                                14400      ; Retry
                                3600000    ; Expire
                                86400 )    ; Minimum
        IN      NS      apx.com.

10      IN      PTR     dns.apx.com.
10      IN      PTR     mail.apx.com.
10      IN      PTR     www.apx.com.
10      IN      PTR     it.apx.com.
10      IN      PTR     design.apx.com.
10      IN      PTR     tech.apx.com.
10      IN      PTR     erp.apx.com.
```

⑧ 重启 DNS 服务。

```
[root@localhost Server]# service named restart
停止 named:                                              [确定]
启动 named:                                              [确定]
```

5. 搭建 Web 服务器

① 创建相关网站存放的目录。

```
[root@localhost named]# mkdir /var/www/html web it design tech erp
```

② 修改"/etc/httpd/conf/httpd.conf"相关配置实现虚拟主机。

```
[root@localhost named]# vi /etc/httpd/conf/httpd.conf
NameVirtualHost 192.168.56.10
<VirtualHost 192.168.56.10:80>
ServerAdmin webmaster@apx.com
DocumentRoot /var/www/html/apx
ServerName www.apx.com
<Directory /var/www/html/apx>
AllowOverride None
Options indexes
```

```
Order allow,deny
Allow from all
</Directory>
</VirtualHost>
<VirtualHost 192.168.56.10:80>
ServerAdmin webmaster@apx.com
DocumentRoot /var/www/html/it
ServerName it.apx.com
<Directory /var/www/html/it>
AllowOverride None
Options indexes
Order allow,deny
Allow from all
</Directory>
</VirtualHost>
<VirtualHost 192.168.56.10:80>
ServerAdmin webmaster@apx.com
DocumentRoot /var/www/html/design
ServerName design.apx.com
<Directory /var/www/html/design >
AllowOverride None
Options indexes
Order allow,deny
Allow from all
</Directory>
</VirtualHost>
<VirtualHost 192.168.56.10:80>
ServerAdmin webmaster@apx.com
DocumentRoot /var/www/html/tech
ServerName tech.apx.com
<Directory /var/www/html/tech >
AllowOverride None
Options indexes
Order allow,deny
Allow from all
</Directory>
</VirtualHost>
<VirtualHost 192.168.56.10:80>
ServerAdmin webmaster@apx.com
```

```
DocumentRoot /var/www/html/erp
ServerName erp.apx.com
<Directory /var/www/html/erp >
AllowOverride None
Options indexes
Order allow,deny
Allow from all
</Directory>
</VirtualHost>
```

③ 重启 httpd 服务。

```
[root@localhost Server]# service httpd restart
停止 httpd:                                          [确定]
启动 httpd:                                          [确定]
```

6. 搭建 Samba 服务器

① 将 apx01 用户和 admin01 用户添加至 Samba 用户，其他用户可以采用同样方式添加。

```
[root@localhost ~]# smbpasswd -a apx01
New SMB password:
Retype new SMB password:
Added user apx01.
[root@localhost ~]# smbpasswd -a admin01
New SMB password:
Retype new SMB password:
Added user admin01.
```

② 在 "/var" 目录下创建目录 pub 和 classify。

```
[root@localhost ~]# mkdir -p /var/share/pub /var/share/classify
```

③ 修改 smb.conf 文件，新建共享区段 admdoc 并在 sharedir 区段 valid users 中添加 smbadm 和 smbman 用户。

```
[pub]
    path=/var/share/pub
    writeable=yes
    valid users=apx01,apx02,apx03,apx04,apx05,apx06,apx07,apx08, apx09, apx10, admin01,admin02,admin03,admin04
[classify]
    path=/var/share/classify
    public=no
    writeable = yes
    valid users = admin01,admin02,admin03,admin04
```

④ 重启服务。

```
[root@localhost ~]# service smb restart
关闭 SMB 服务:                                              [确定]
关闭 NMB 服务:                                              [确定]
启动 SMB 服务:                                              [确定]
启动 NMB 服务:                                              [确定]
```

7. 搭建邮件服务器

① 配置 Sendmail 服务，设置 local-host-names 文件，修改 sendmail.mc 文件并生成 sendmail.cf 文件。

```
[root@localhost ~]# vi /etc/mail/local-host-names
apx.com
[root@localhost Server]# vi /etc/mail/sendmail.mc
DAEMON_OPTIONS(`Port=smtp,Addr=0.0.0.0, Name=MTA')dnl
...
TRUST_AUTH_MECH(`EXTERNAL DIGEST-MD5 CRAM-MD5 LOGIN PLAIN')dnl
[root@localhost Server]# cd /etc/mail
[root@localhost mail]# m4 sendmail.mc>sendmail.cf
```

② 重启 sendmail 服务以及 saslauthd 服务。

```
[root@localhost mail]# service sendmail restart
关闭 sm-client:                                             [确定]
关闭 sendmail:                                              [确定]
启动 sendmail:                                              [确定]
启动 sm-client:                                             [确定]
[root@localhost mail]# service saslauthd start
启动 saslauthd:                                             [确定]
```

③ dovecot 服务配置并重启 dovecot 服务

```
[root@localhost mail]# vi /etc/dovecot.conf
Protocols = imap imaps pop3 pop3s
[root@localhost mail]# service dovecot restart
关闭 Dovecot Imap:                                          [确定]
启动 Dovecot Imap:                                          [确定]
```

参考文献

[1] 么丽颖. Linux 系统管理和应用[M]. 北京：中国铁道出版社，2011.
[2] 王乾. RHEL5 企业级 Linux 服务全攻略. 王乾 De 技术博客[EB/OL]. [2008-11]. http://redking.blog.51cto.com/27212/112625.
[3] 华迪教育. Linux 系统硬盘相关实验. [EB/OL]. [2011-10]. http://www.hwadedu.com.
[4] 芮坤坤，李晨光. Linux 服务管理与应用[M]. 大连：东软电子出版社，2013.